Analogieversuch zur Erzeugung von Zahnflankenbrüchen an Stirnrädern

Analogy Test for Generating Tooth Flank Fractures at Involute Gears

Von der Fakultät für Maschinenwesen
der Rheinisch-Westfälischen Technischen Hochschule Aachen
zur Erlangung des akademischen Grades eines
Doktors der Ingenieurwissenschaften
genehmigte Dissertation

vorgelegt von

Fabian Goergen

Berichter/in:

Univ.-Prof. Dr.-Ing. Christian Brecher
Univ.-Prof. Dr.-Ing. Peter Werner Gold

Tag der mündlichen Prüfung: 17. November 2023

ERGEBNISSE AUS DER PRODUKTIONSTECHNIK

Fabian Goergen

Analogieversuch zur Erzeugung von Zahnflankenbrüchen an Stirnrädern

Herausgeber:
Prof. Dr.-Ing. T. Bergs
Prof. Dr.-Ing. Dipl.-Wirt. Ing. G. Schuh
Prof. Dr.-Ing. C. Brecher
Prof. Dr.-Ing. R. H. Schmitt

Band 32/2023

WZL | RWTH AACHEN UNIVERSITY

Fraunhofer IPT

Bibliografische Information der Deutschen Nationalbibliothek
Die Deutsche Nationalbibliothek verzeichnet diese Publikation in der Deutschen Nationalbibliografie; detaillierte bibliografische Daten sind im Internet über https://portal.dnb.de abrufbar.

Fabian Goergen:

Analogieversuch zur Erzeugung von Zahnflankenbrüchen an Stirnrädern

1. Auflage, 2023

Gedruckt auf holz- und säurefreiem Papier, 100% chlorfrei gebleicht.

Wissenschaftsverlag des Instituts für Industriekommunikation und Fachmedien an der RWTH Aachen
Steinbachstr. 25, 52074 Aachen
Internet: www.apprimus-verlag.de, E-Mail: info@apprimus-verlag.de

Druck: CPI Druckdienstleistungen GmbH
Ferdinand-Jühlke-Straße 7 | 99095 Erfurt

ISBN 978-3-98555-191-0

D 82 (Diss. RWTH Aachen University, 2023)

Vorwort

Preface

Die vorliegende Dissertation entstand während meiner Tätigkeit als wissenschaftlicher Mitarbeiter im Forschungsbereich Getriebetechnik am Lehrstuhl für Werkzeugmaschinen am Werkzeugmaschinenlabor (WZL) der RWTH Aachen.

Mein besonderer Dank gilt Herrn Prof. Dr.-Ing. Christian Brecher, dem Leiter des Lehrstuhls für Werkzeugmaschinen am WZL, für die Unterstützung während meiner Arbeit und die konstruktiven Diskussionen im Rahmen meines Forschungsvorhabens. Des Weiteren möchte ich mich bei Herrn Prof. Dr.-Ing. Peter Werner Gold, dem ehemaligen Leiter des Lehrstuhls für Maschinenelemente und Maschinengestaltung (IME, jetzt IMSE), für die Diskussionen und Hinweise zur vorliegenden Arbeit bedanken. Herrn Prof. Dr.-Ing. Georg Jacobs, dem Leiter des Lehrstuhls für Maschinenelemente und Systementwicklung (IMSE) danke ich für die Übernahme des Prüfungsvorsitzes sowie des Prüfungsbeisitzes.

Die Forschungsergebnisse der vorliegenden Dissertation basieren im Wesentlichen auf dem Forschungsvorhaben BR 2905/90, welches von der Deutschen Forschungsgemeinschaft (DFG) gefördert wurde. Für die finanzielle Unterstützung möchte ich mich an der Stelle bedanken. Darüber hinaus danke ich der Firma ZF Wind Power, namentlich Herrn Wim Smet für die Kooperation und Freigabe der Veröffentlichung der gemeinsamen Versuchsergebnisse.

Insbesondere möchte ich mich bei den Kolleginnen und Kollegen der Getriebeabteilung für den fachlichen Austausch, das großartige Arbeitsklima und die gemeinsame Zeit außerhalb der Arbeit bedanken. Ohne die Diskussionen und die Unterstützung bei der Prüfstandsentwicklung wäre die Dissertation in dieser Form nicht entstanden. Hervorheben möchte ich Herrn Dr.-Ing. Dieter Mevissen, der bereits als Betreuer meiner Masterarbeit den Grundstein für meine Promotion gelegt hat und mich anschließend als Vorgesetzter stets unterstützt und gefördert hat. Ohne dich hätte ich mich vermutlich nie für eine Promotion entschieden! Außerdem möchte ich mich stellvertretend für die Getriebeabteilung bei den Herren Moritz Zalfen, Dr.-Ing. René Greschert, Philipp Scholzen und Johannes Rolzhäuser für die schöne gemeinsame Zeit am Institut bedanken. Außerdem danke ich den festangestellten Kollegen für die tatkräftige Unterstützung bei der Umsetzung meiner Ideen, namentlich Rainer Stephan für die Berechnungen mit der FE-Stirnradkette, Egon Winkler, Andreas Schumacher und Christoph Braun für die Prüfstandsmontage und sonstige „Kleinigkeiten“ im Prüffeld, sowie Kevin Broch und Ingmar Emonts für die Prüfverzahnungsfertigung.

Besonders dankbar bin ich meiner Familie und meinen Freunden. Hervorheben möchte ich insbesondere meine Eltern, die immer in mein Können vertraut haben und mir die Freiheit bei sämtlichen wichtigen Lebensentscheidungen gelassen haben. Mein letzter und größter Dank gilt meiner Frau Patricia, die mir stets den Rücken freigehalten, mich bei Rückschlägen ermutigt und mir mit ihrer positiven Art immer wieder ein Lächeln aufs Gesicht gezaubert hat. Ein Leben ohne dich und unsere drei wundervollen Söhne Vincent, Benedikt und Leonard ist für mich unvorstellbar!

Alpen, im November 2023

Kurzzusammenfassung

Aufgrund der stetigen Optimierung der Zahnflanken- und Zahnfußtragfähigkeit in Oberflächennähe treten vermehrt Ermüdungsschäden auf, deren Rissinitiierung unter der Oberfläche stattfindet. Insbesondere der Zahnflankenbruch wird in jüngerer Vergangenheit vermehrt bei Großgetrieben beobachtet und führt zu einem Totalausfall des Getriebes. Die Schadensart ist bei einsatzgehärteten Zahnrädern durch eine Rissinitiierung unterhalb der gehärteten Randschicht an Fehlstellen im Gefüge charakterisiert. Eine reproduzierbare Erzeugung von Zahnflankenbrüchen im Analogieversuch ist aufgrund der komplexen Beanspruchungssituation aktuell nicht möglich. Das Ziel dieser Arbeit war die Überführung des zahnflankenbruchkritischen Beanspruchungszustandes vom Laufversuch auf einen Analogieversuch und der Aufbau eines Analogieprüfstandes zur Erzeugung von Zahnflankenbrüchen im Analogieversuch.

Die wissenschaftliche Originalität liegt in der Separation der Beanspruchungsmechanismen im Analogieversuch, sodass die Einflüsse aus HERTZ'schem Kontakt und Zahnbiegung, Querschub und Stauchung gezielt voneinander separiert werden können. Die wirtschaftliche Originalität liegt in der Prüfung eines Zahnsegmentes anstelle eines gesamten Zahnrades. Dies erlaubt eine ökonomischere und ökologischere Prüfung, da ein geringerer Bedarf an Prüfbauteilen besteht und der Prüfaufbau im Vergleich zur Prüfung im elektrischen Verspannungsprüfstand kleiner und leistungsreduziert gestaltet werden kann.

Zur Erreichung des Forschungsziels wurde eine Methode zur Berechnung der Zahnflankenbruchtragfähigkeit erweitert und validiert. Die Methode wurde im Anschluss dazu verwendet, einen zum Laufversuch rechnerisch äquivalenten Beanspruchungszustand in einem Teil des Zahns durch zwei Hydraulikaktuatoren zu erzeugen. Darauf aufbauend wurde ein Analogieprüfstand konzipiert, der die berechneten Belastungen in Langzeitversuchen applizieren konnte. Abschließend wurden experimentelle Versuche mit dem Analogieprüfstand durchgeführt. Das Ergebnis der Untersuchungen war, dass eine Erzeugung von Zahnflankenbrüchen mit dem derzeit existierenden Analogieprüfstand nicht möglich ist. Als mögliche Gründe können statistische Effekte bei der Fehlstellenverteilung, die ortsfeste Position des Aktuators zur Abbildung der Wälzbeanspruchung und die verwendete Vergleichsspannungshypothese zur Ableitung der Pulsatorkräfte angeführt werden. Nichtsdestotrotz ist das Potenzial des Analogieprüfstandes hoch und eine Erzeugung von Zahnflankenbrüchen wahrscheinlich.

Abstract

Due to the continuous optimization of the tooth flank and tooth root load-carrying capacity in the near surface zone, fatigue damages with crack initiation below the surface became more frequent. Tooth flank fractures have been observed increasingly in large gearboxes in the recent past and lead to a total breakdown of the gearbox. In case-hardened gears, the tooth flank fracture is characterized by a crack initiation below the hardened surface layer at defects in the microstructure. A reproducible generation of tooth flank fractures in analogy tests is currently not possible due to the complex stress situation. The aim of this work was to transfer the tooth flank fracture-critical stress condition from the running test to an analogy test as well as the construction of an analogy test rig for the generation of tooth flank fractures in the analogy test.

The scientific originality lies in the separation of the stress mechanisms in the analogy test, so that the influences from HERTZIAN contact and tooth bending, transverse shear and compression are separated from each other. The economic originality lies in the testing of a tooth segment instead of an entire gear. This allows more economical and ecological testing, since there is less need for test components and the test setup can be smaller and be operated with reduced power compared to testing in an electric transmission test rig.

To achieve the research objective, a method for calculating the tooth flank fracture load capacity was extended and validated. The method was subsequently used to generate a stress condition in part of the tooth by two hydraulic actuators that was computationally equivalent to the running test. Based on this, an analogy test rig was designed that could apply the calculated loads in long-term tests. Finally, experimental tests were carried out with the analogy test rig. The result of the tests was that it is not possible to generate tooth flank fractures with the currently existing analogy test rig. Potential reasons are statistical effects in the defect distribution, the fixed position of the actuator, which reproduces the HERTZIAN stress, and the chosen equivalent stress hypothesizes to derive the pulsator forces. Nevertheless, the potential of the analogy test rig is high and the generation of tooth flank fractures is likely.

Inhaltsverzeichnis

Content

Formelzeichen und Abkürzungsverzeichnis

Formula Symbols and Abbreviations

Formelzeichen

a	mm	Achsabstand
	-	Materialfestigkeitsfaktor nach [LIU03]
	µm	Weibullparameter
	µm	Länge der Hüllkurve einer Fehlstelle
a_{cp}	-	Schubfestigkeitsempfindlichkeit nach [FIND59]
A	-	Materialanstrengung
	µm²	Flächeninhalt der Fehlstelle
	%	Bruchdehnung
A_{Druck}	mm²	Fläche des Druckeigenspannungsprofils
A_{max}	-	Grenzwert der Materialanstrengung
$A_{FF,CP}$	-	Materialanstrengung nach [ISO19c]
A_{Zug}	mm²	Fläche des Zugeigenspannungsprofils
a_H	mm	Korrigierte HERTZ'sche Abplattungsbr. nach [DNV15]
$area$	µm²	Projizierte Fläche der Fehlstelle im Schliffbild
$\sqrt{area}$	µm	Square Root Area nach [MURA19]
$\sqrt{area_{K0}}$	µm	Referenz Square Root Area nach [WICK17]
b	mm	Zahnbreite
-	-	Materialfestigkeitsfaktor nach [LIU03]
-	-	Weibullparameter
	µm	Länge der Hüllkurve einer Fehlstelle
b_H	mm	Halbe HERTZ'sche Abplattungsbreite
C_a	µm	Kopfrücknahme
c_1	-	Kalibrierungsfaktor nach [ISO19c]
CHD_{550}	mm	Einsatzhärtetiefe (550 HV1)
CHD_{600}	mm	Einsatzhärtetiefe (600 HV1)
$CHD_{ges.}$	mm	Gesamthärtetiefe nach [THOM98] (y_{Kern})
C_α	µm	Profilballigkeit
C_β	µm	Breitenballigkeit
C_ε	µm	Eckrücknahme
d	mm	Durchmesser
	Nm	Stufensprung im Treppenstufenverfahren [HÜCK83]

d_a	mm	Kopfkreisdurchmesser
$d_{krit.}$	mm	Durchmesser der kritischen Berührlinie (Berührlinie auf Zahnflanke senkrecht über dem POI)
E	MPa	Elastizitätsmodul
$f_{c,Hertz}$	-	Kalibrierungsfaktor der Festigkeit infolge HERTZ nach [LEIM19]
$f_{f\alpha}$	µm	Profilformabweichung
$f_{f\beta}$	µm	Flankenlinienwinkelabweichung
$f_{H\alpha}$	µm	Profilwinkelabweichung
$f_{H\beta}$	µm	Flankenlinienwinkelabweichung
f_p	µm	Teilungs-Einzelabweichung
F_p	µm	Teilungs-Gesamtabweichung
$F_{primär}$	kN	Kraft am Primäraktuator
F_Q	kN	Querkraft am Kolben
F_r	µm N	Rundlaufabweichung Radialkraft
$F_{sekundär}$	kN	Kraft am Sekundäraktuator
F_t	N	Umfangskraft am Teilkreisdurchmesser
F_{Time}	-	Zeitfaktor nach [LEIM19]
F_u	N	Umfangskraft
h_0	mm	Mittlere Fehlstellengröße in gemessener Schlifffläche
h	µm mm	Dynamischer Kolbenhub Kolbenhublänge
$h_{ap0}{}^*$	-	Werkzeug-Kopfhöhenfaktor
$h_{fp0}{}^*$	-	Werkzeug-Fußhöhenfaktor
HB	HB	Härte Brinell
HV	HV1	Härte Vickers
$HV_{2CHD550}$	HV1	Härte in doppelter CHD_{550} nach [WICK17]
$HV_{idx.}$	-	Lokaler Härteindex
HV_K	HV1	Kernhärte Vickers
HV_R	HV1	Randhärte Vickers
k	-	Formparameter der Verteilungsfunktionen GEV und GPD

k_W	-	Wechselfestigkeitsverhältnis
K_A	-	Anwendungsfaktor nach [ISO19a]
K_{Defekt}	-	Faktor zur Werkstoffdefekterfassung nach [WICK17]
$K_{H\alpha}$	-	Stirnfaktor Flanke nach [ISO19a]
$K_{H\beta}$	-	Breitenfaktor Flanke nach [ISO19a]
K_m	-	Mittelspannungsfaktor nach [FKM03]
K_v	-	Dynamikfaktor nach [ISO19a]
K_γ	-	Aufteilungsfaktor nach [ISO19a]
$K_{\tau zul}$	-	Kalibrierungsfaktor für Schubfestigkeit nach [WITZ12]
l	µm	Linearität
l_{ges}	mm	Taststrecke bei Rauheitsmessung
l_{max}	mm	Maximale Berührlinienlänge
l_{Mess}	mm	Messstrecke bei Rauheitsmessung
m	-	Steigung
	-	Materialfestigkeitsfaktor nach [LIU03]
m_n	mm	Normalmodul
M	Nm	Drehmoment
	-	Mittelspannungsempfindlichkeit
M_{FKM}	-	Mittelspannungsempfindlichkeit nach [FKM03]
M_{Gen}	Nm	Generator-Drehmoment der Windenergieanlage
$M_{PA50\%}$	Nm	Dauerfestes Drehmoment für P_A = 50 %
n	-	Materialfestigkeitsfaktor nach [LIU03]
	-	Fehlstellenanzahl im Zahn
n_{Mess}	-	Fehlstellenanzahl im Messvolumen
N_L	-	Lastspielzahl
p	bar	Druck
$p_{dyn,CP}$	MPa	Lokale Kontaktpressung nach [ISO19c]
p_H	MPa	Pressung
P_A	%	Ausfallwahrscheinlichkeit
p_r	mm	Protuberanzbetrag am Werkzeug
r_{1-6}	-	Rotatorische Freiheitsgrade des Prüfstandes
R	-	Spannungsverhältnis
R^2	-	Bestimmtheitsmaß

Ra	µm	Arithmetischer Mittenrauwert
R_m	N/mm²	Zugfestigkeit
$R_{p0,2\%}$	N/mm²	Dehngrenze
Rz	µm	Mittlere Rautiefe
s	%	Schlupf
S_0	mm²	Schliffbildfläche
S	-	Sicherheit
S_H	-	Sicherheit gegenüber Zahnflankenschäden
S_{ny}	mm	Normalzahndicke am Durchmesser y
S_{TFF}	-	Sicherheit ggü. Zahnflankenbruch nach [LEIM19]
t	s mm	Zeit Tiefe/ Abstand zur Oberfläche
t_{1-4}	-	Translatorische Freiheitsgrade des Prüfstandes
t_i	-	Zeitindex
$t_{max(A)}$	mm	Tiefe maximaler Materialanstrengung
$t_{VON\ MISES,max}$	mm	Tiefe der maximalen VON MISES Vergleichsspannung
U	µm	Verformung
x	mm -	Profilverschiebung x-Koordinate im kartesischen Koordinatensystem Position des Aktuators auf Kalibrierdummy
x^*	-	Profilverschiebungsfaktor
X_{bH}	-	Kalibrierungsfaktor der HERTZ'schen Abplattungs-breite nach [LEIM19]
X_{CP}	-	Lastaufteilungsfaktor nach [ISO19c]
V	µm³	Volumen
$\dot{V}$	l/min	Volumenstrom
V_{Mess}	mm³	Gemessenes Volumen der Fehlstellenanalyse
V_{rel}	%	Relatives, kritisch beanspruchtes Volumen
V_{Zahn}	mm³	Volumen des halben Zahns in Zahndickenrichtung
y	-	y-Koordinate im kartesischen Koordinatensystem
z	- - µm	Zähnezahl z-Koordinate im kartesischen Koordinatensystem Fehlstellendistanz im Schliffbild

Z_E	N/mm²	Elastizitätsfaktor nach [ISO19b]
z_m	mm	Messbereich
Z_ε	-	Überdeckungsfaktor nach [ISO19b]

Griechische Formelzeichen

α	°	Eingriffswinkel am Kalibrierdummy
α_n	°	Normaleingriffswinkel
α_M	-	Empirischer Parameter zur Berücksichtigung der Mittelspannungsempfindlichkeit nach [MURA19]
α_{pr0}	°	Werkzeug-Protuberanzflankenwinkel
α_t	°	Stirneingriffswinkel
α_{wt}	°	Betriebseingriffswinkel
β	°	Schrägungswinkel
β_M	-	Materialfaktor nach [LEIM19]
β_{TFF}	-	Einschlussfaktor nach [LEIM19]
γ	°	Rotationswinkel zur Bestimmung von Schnittebenenspannungen
ε	-	Dehnung
ε_α	-	Profilüberdeckung
ε_β	-	Sprungüberdeckung
Δh	mm	Distanz zwischen Primäraktuator und Durchmesser auf der Zahnflanke senkrecht über dem POI
$\Delta t/t$	%	Phasenverschiebungsabweichung im Pulsatorkraftsignal
$\Delta\tau_{eff,L,RS,CP}$	MPa	Einfluss der Eigenspannungen auf den Lastspannungszustand nach [ISO19c]
$\Delta\varphi$	°	Winkelabweichung des Aktuators
Δx	mm	Positionsabweichung des Aktuators/ der Führungen
λ_c	mm	Welligkeitsfilter nach [DIN10]
λ_s	µm	Filter zur Rauschunterdrückung nach [DIN10]
μ	-	Reibkoeffizient
	µm	Lagepar. der Verteilungsfunktionen GEV und LogN
ν	-	Querkontraktionszahl (POISSONzahl)

ΠK	-	Produkt aller Kraftfaktoren nach [ISO19a]
ρ	mm mm³	Krümmungsradius Einschluss-/Fehlstellendichte
$\rho_{ap0}{}^{*}$	-	Werkzeug-Kopfabrundungsfaktor
ρ_{ers}	mm	Ersatzkrümmungsradius
$\rho_{red,CP}$	mm	Ersatzkrümmungsradius nach [ISO19c]
σ	-	Skalenparameter der Verteilungsfunktionen GEV, GPD und LogN (bei Standardnormalverteilung: Standardabweichung)
σ_a	MPa	Spannungsamplitude
σ_{Bend}	MPa	Spannung infolge Biegung nach [LEIM19]
σ_{crit}	MPa	Kritische Schnittebenenspannung nach [FIND59]
σ_{HR}	MPa	Korrigierte Zahnflankenpressung nach [DNV15]
σ_{HV}	MPa	Festigkeit infolge Härte nach [LEIM19]
σ_m	MPa	Mittelspannung
σ_O	MPa	Auftretende Spannung nach [LEIM19]
$\sigma_{O,Hertz}$	MPa	Spannung infolge HERTZ nach [LEIM19]
σ_P	MPa	Ertragbare Spannung nach [LEIM19]
$\sigma_{P,Hertz}$	MPa	Festigkeit infolge HERTZ nach [LEIM19]
$\sigma_{Residual}$	MPa	Festigkeit infolge Eigenspannungen nach [LEIM19]
σ_{Rest}	MPa	Festigkeit infolge Biegung/Querschub/Stauchung nach [LEIM19]
σ_{Shear}	MPa	Spannung infolge Querschub nach [LEIM19]
σ_{vM}	MPa	VON MISES Vergleichsspannung
$\sigma_{v,SIH,a}$	MPa	Vergleichsspannungsamplitude nach [LIU91]
$\sigma_{v,SIH,m}$	MPa	Vergleichsmittelspannung nach [LIU91]
σ_W	MPa	Zug-/Druck-Wechselfestigkeit
$\sigma_{\gamma\varphi}$	MPa	Normalspannung in der Schnittebene
$\sigma_{\gamma\varphi,a}$	MPa	Normalspannungsamplitude in der Schnittebene
$\sigma_{\gamma\varphi,m}$	MPa	Normalmittelspannung in der Schnittebene
$\sigma_{\gamma\varphi,max}$	MPa	Maximale Normalspannung in der Schnittebene
$\sigma_{\gamma\varphi,min}$	MPa	Minimale Normalspannung in der Schnittebene
$\sigma_{\gamma\varphi,va}$	MPa	Vergleichsspannungsamplitude nach [WEBE15]

$\sigma_{\gamma\varphi,vm}$	MPa	Vergleichsmittelspannung nach [WEBE15]
σ_{I-III}	MPa	Hauptnormalspannungen
Σx^*	-	Profilverschiebungsfaktorsumme
$\tau_{eff,CP}$	MPa	Lokale Vergleichsspannung nach [ISO19c]
$\tau_{eff,DA}$	MPa	Doppelamplitude nach [WITZ12]
$\tau_{eff,ES}$	MPa	Effektive Schubspannung auf Basis der Eigenspannungen nach [WITZ12]
$\tau_{eff,L,CP}$	MPa	Lastbedingter Vergleichsspannungsanteil nach [ISO19c]
$\tau_{eff,Last+ES}$	MPa	Effektive Schubspannung auf Basis der Last- und Eigenspannungen nach [WITZ12]
$\tau_{eff,RS,CP}$	MPa	Eigenspannungsbedingter Vergleichsspannungsanteil nach [ISO19c]
$\tau_{per,CP}$	MPa	Lokale Materialfestigkeit nach [ISO19c]
$\tau_{eff,va}$	MPa	Effektive Vergleichsschubspannungsdoppelamplitude nach [KONO18]
$\tau_{eff,vm}$	MPA	Effektive Vergleichsmittelspannung nach [KONO18]
τ_{zul}	MPa	Schubfestigkeit nach [WITZ12]
$\tau_{\gamma\varphi}$	MPa	Schubspannung in der Schnittebene
$\tau_{\gamma\varphi,a}$	MPa	Schubspannungsamplitude in der Schnittebene
$\tau_{\gamma\varphi,m}$	MPa	Schubmittelspannung in der Schnittebene
$\tau_{\gamma\varphi,max}$	MPa	Maximale Schubspannung in der Schnittebene
$\tau_{\gamma\varphi,min}$	MPa	Minimale Schubspannung in der Schnittebene
φ	°	Rotationswinkel zur Bestimmung von Schnittebenenspannungen Kontaktwinkel zwischen Aktuator und Kalibrierdummy

Indizes

ax	axial
Ber	Berechnung
DA	Doppelamplitude
DF	dauerfest
eff	effektiv
ES	Eigenspannungen

FS	Fehlstelle
max	maximal
Mess	Messung
prim	primär
rad	radial
sek	sekundär
tan	tangential
zul	zulässig

Abkürzungen

ADI	Austempered Ductile Iron
CAD	Computer-Aided Design
CP	Contact Point
ES	Eigenspannungen
FKM	Forschungskuratorium Maschinenbau [FKM03]
GEH	Gestaltänderungsenergiehypothese
GEV	Generalized Extreme Value Distribution (Allgemeine Extremwertverteilung)
GPD	Generalized Pareto Distribution (Allgemeine Pareto Verteilung)
HF	Hintere Führung
IT	ISO-Toleranzklasse nach [DIN18]
KEV	Kritische Ebenen Vergleichsspannung [WEBE15]
LogN	Logarithmische Normalverteilung
LTCA	Loaded Tooth Contact Analysis
LV	Laufversuch
POI	Point of Interest
REM	Rasterelektronenmikroskop
SH	Schubspannungshypothese
SIH	Schubspannungsintensitätshypothese
TFF	Tooth Flank Fracture
TIFF	Tooth Interior Fatigue Fracture

VF	Vordere Führung
WBL	Weibullverteilung
WZL	Werkzeugmaschinenlabor, RWTH Aachen University

1 Einleitung

Aktuelle Bestrebungen zur effizienten und ressourcenschonenden Auslegung von Zahnradgetrieben verfolgen das Ziel einer Gewichts- und Baugrößenreduktion. Infolge dessen steigt die Leistungsdichte des Getriebes, da entweder höhere Leistungen bei gleicher Baugröße oder gleichbleibende Leistungen über ein kompakteres Getriebe gewandelt werden. Es resultieren erhöhte Anforderungen an die Tragfähigkeit der Zahnradstufen. Die oberflächennahe Anstrengung der Zahnflanke wurde in Forschung und Industrie umfassend untersucht und erfolgreich reduziert. Es existieren Handlungsempfehlungen zur Reduktion der Beanspruchung im Bereich der oberflächennahen Randzone (z.B. Gleit-/Polierschleifen, Verfestigungsstrahlen, hochadditivierte Schmierstoffe etc.). Die Maßnahmen zur Beanspruchungsreduktion im oberflächennahen Bereich der Zahnflanke führten zu einer Verschiebung des Anrisses hin zu hohen Werkstofftiefen und dem vermehrten Auftreten von Zahnflankenbrüchen.

Zahnflankenbrüche sind ein Ermüdungsschaden im hohen Lastspielzahlbereich und führen zu einem Totalausfall des Getriebes. Zur Vermeidung von Zahnflankenbrüchen adressieren jüngste Forschungsaktivitäten die Erhöhung der *Beanspruchbarkeit* in der Werkstofftiefe (z.B. Erhöhung der Werkstoffreinheit, Optimierung der Einsatzhärtetiefe etc.). Eine reproduzierbare Erzeugung von Zahnflankenbrüchen ist aktuell nur auf dem Zwei-Wellen-Verspannungsprüfstand unter Verwendung spezieller Zahnradgeometrien möglich, da die zum Zahnflankenbruch führenden Mechanismen der *Beanspruchung* unzureichend erforscht sind. Daher gibt es weder die Möglichkeit der Auslegung einer gezielt zahnflankenbruchkritischen Prüfverzahnung, noch die Möglichkeit der geometrischen Optimierung einer Praxisverzahnung zur Vermeidung von Zahnflankenbrüchen. Die Kenntnis über den Beanspruchungszustand der Zahnflanke in hoher Werkstofftiefe ist notwendig, um geeignete Berechnungsmethoden zu entwickeln und eine gezielte Optimierung hinsichtlich der Schadensart zu ermöglichen.

In der vorliegenden Arbeit wird diese Wissenslücke geschlossen, indem die zahnflankenbruchkritische Beanspruchung analysiert und in einen Analogieversuch überführt wird. Dazu wird ein Berechnungsmodell zur Vorhersage der Zahnflankenbruchtragfähigkeit entwickelt und validiert. Das theoretische Fundament wird durch den Aufbau und die Inbetriebnahme eines Analogieprüfstandes untermauert. Der wissenschaftliche Mehrwert des Analogieversuches besteht in der von anderen Schadensarten losgelösten Untersuchung des Zahnflankenbruches. Durch den Analogieversuch kann die Beanspruchung der Zahnflanke in hoher Werkstofftiefe ohne tribologische Einflüsse auf die oberflächennahe Randzone reproduziert werden. Der wirtschaftliche Mehrwert des Analogieversuches besteht in der Möglichkeit einer effizienten, kostengünstigen und statistisch abgesicherten Prüfung der Zahnflankenbruchtragfähigkeit. Insbesondere für die Prüfung von Großgetrieben bietet der Analogieversuch einen erheblichen Mehrwert, da sie aufgrund der höheren Wahrscheinlichkeit großer Fehlstellen im Gefüge vermehrt von Zahnflankenbrüchen betroffen sind und eine experimentelle Prüfung wirtschaftlich nicht umsetzbar ist.

1 Introduction

Current efforts to design efficient and resource-saving gearboxes aim the reduction of weight and size. As a result, the power density of the gearbox increases, since either higher power is to be converted within the same size or the same power is to be converted via a more compact gearbox. This results in increased demands on the load-carrying capacity of the gear stages. The near-surface stress on the tooth flank has been extensively investigated and successfully reduced in research and industry. There are guidelines for reducing the flank stress in the area of the near-surface zone (e.g. superfinishing/polishing, shot peening, highly additive lubricants etc.). The measures taken to reduce stress in the near-surface zone of the tooth flank led to a shift in the crack nucleation towards high material depths and consequently to an increased occurrence of tooth flank fractures.

Tooth flank fractures are fatigue damages in the high load cycle range and lead to a total gearbox failure. To avoid tooth flank fractures, recent research activities address the increase of the material strength in high material depth (e.g. increase of the material cleanliness, optimization of the case hardening depth etc.). Reproducible generation of tooth flank fractures is currently only possible when using a back-to-back test rig with special gear geometries, since the stress mechanisms leading to tooth flank fracture have not been sufficiently investigated. Therefore, there is neither the possibility of designing a test gear that is specifically critical to tooth flank fracture, nor the possibility of optimizing a gear geometry in application in order to avoid tooth flank fractures. The knowledge of the flank stress state in high material depth is necessary to develop suitable calculation methods in order to enable a targeted optimization with respect to this type of damage.

In the present work, this knowledge gap is closed by analyzing the tooth flank fracture critical stress and transferring it to an analogy test. For this purpose, a calculation model for predicting the tooth flank fracture load-carrying capacity is developed and validated. The theoretical basis is extended by the construction and commissioning of an analogy test rig. The scientific added value of the analogy test consists of the experimental investigation of tooth flank fractures detached from other types of damage. The analogy test allows the stress reproduction on the tooth flank in high material depth without tribological influences on the surface-near flank zone. The economic added value of the analogy test lies in the possibility of efficient, cost-effective and statistically validated testing of the tooth flank fracture load-carrying capacity. The analogy test offers considerable added value, particularly for testing large gearboxes, since they are more affected by tooth flank fractures due to the higher probability of large defects in the material and experimental testing is not economically feasible.

2 Stand der Technik in Forschung und Industrie

State of the Art in Research and Industry

Zahnflankenbrüche treten infolge der Randzonenoptimierung auf der Zahnflanke vermehrt auf, da die Tragfähigkeit gegenüber den klassischen Ermüdungsschäden auf der Zahnflanke (Grübchen, Graufleckigkeit) gesteigert wird. Exemplarische Optimierungsverfahren sind verbesserte Wärmebehandlungen, höhere geometrische Qualitäten und Oberflächengüten durch verbesserte Schleifprozesse, optimierte Schmierstoffe, aber auch zusätzliche Zahnradveredelungsschritte wie das Verfestigungsstrahlen, das chemisch unterstützte Gleitschleifen oder das Polierschleifen. Die meisten Zahnflankenbrüche bei Leistungsverzahnungen werden bei einsatzgehärteten Evolventenverzahnungen beobachtet, was auf die hohe Verbreitung zurückzuführen ist. Im Stand der Technik werden die Beanspruchung und Beanspruchbarkeit auf der Zahnflanke beleuchtet. Darauf aufbauend werden existierende Berechnungsmethoden und Analogiekonzepte vorgestellt und analysiert.

2.1 Zahnflankenermüdung in hoher Werkstofftiefe

Fatigue of the Tooth Flank Area in high Material Depth

Die Schadensart Zahnflankenbruch unterscheidet sich von den Ermüdungsschäden Grübchen und Graufleckigkeit durch die Tiefenlage der Rissinitiierung. Im Gegensatz zum Grübchen und zur Graufleckigkeit, deren Schadensbildung vollständig im Bereich der gehärteten Randschicht ($0 \text{ mm} \leq t \leq t_{VON\ MISES,max}$) stattfindet, erfolgt die Rissinitiierung beim Zahnflankenbruch im Auslauf der gehärteten Randschicht [WITZ12]. In der Folge kommt es zu einem Herausbrechen von Teilen des Zahns. In den Kapiteln 2.1.1 bis 2.1.4 wird die Schadensart Zahnflankenbruch auf Basis der Beanspruchungsmechanismen, des Schadensbildes und der Einflussgrößen erläutert.

2.1.1 Beanspruchung der aktiven Zahnflanke

Tooth Flank Stress of the Active Tooth Flank

Die Beanspruchung eines Volumenelementes, welches auf oder unter der Zahnflankenoberfläche liegt, kann durch drei Phasen charakterisiert werden, vgl. **Bild 2.1**. Ohne äußere Belastung herrscht im Volumenelement ein konstanter Eigenspannungszustand, Phase 1. Bei einsatzgehärteten Verzahnungen bildet sich dieser aufgrund der Phasenumwandlung der aufgekohlten Randschicht in Martensit beim Abschrecken aus. Es resultieren Druckeigenspannungen in Oberflächennähe und Zugeigenspannungen unterhalb der gehärteten Randschicht bzw. im Volumen [LINK10].

Im aktiven Zahnflankenkontakt bauen sich infolge der HERTZ'schen Kontaktabplattung vorwiegend Druckspannungen im Volumenelement auf, die dem Eigenspannungszustand aus Phase 1 überlagert sind, vgl. Phase 2 (primär) [NIEM03, SCHL10]. Der Spannungszustand direkt unter der HERTZ'schen Kontaktzone wird durch Normal-, Tangential- und Temperaturbeanspruchung infolge Reibung, Schlupf, mikro- und makro-HERTZ'schem Kontakt bestimmt [NIEM03, SCHL10]. In höheren Werkstofftiefen dominiert der Einfluss des Makro-HERTZ'schen Kontaktes und die tribologischen Einflussfaktoren können als vernachlässigbar klein angenommen werden [ANNA03, WITZ12]. An den Rändern des Druckspannungsbereiches unterhalb der HERTZ'schen Pressungsellipse entstehen Zugspannungen in tangentialer Richtung, vgl. Bild 2.1 oben links: Übergang Phase 1→2.

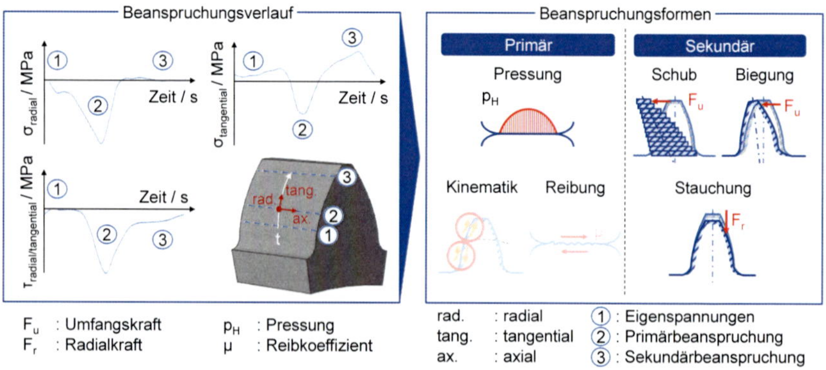

Bild 2.1: Beanspruchungsformen und –verlauf im Zahnflankenkontakt [LÖPE15, KONO18]

Bei großmoduligen Stirnrädern oder Stirnrädern mit hohen Betriebseingriffswinkeln α_{wt} steigen die Krümmungsradien $\rho_{1/2}$ der kontaktierenden Zahnflanken. Infolge dessen steigt die HERTZ'sche Abplattungsbreite b_H und das Vergleichsspannungsmaximum nach der Gestaltänderungsenergiehypothese verschiebt sich in höhere Werkstofftiefen [LINK10]. Dem Kontaktvorgang nachgelagert wird das betrachtete Volumenelement durch Zahnverformung beansprucht. Es bauen sich Zugspannungen in tangentialer Richtung auf, welche aufgrund des ansteigenden Hebelarmes zunehmen, vgl. Bild 2.1 Sekundär (3) [HERT03, LÖPE15]. Ebenso wirken Schubspannungen (vorzugsweise in der radial/tangentialen Ebene) aufgrund des Querschubes. Bei Schrägverzahnungen wirken ebenfalls Schubspannungen in der radial/axialen Ebene, sowie in der tangential/axialen Ebene.

2.1.2 Überführung der Beanspruchung in eine Vergleichsspannung

Transfer of the Stress State to an Equivalent Stress

Aus der in Kapitel 2.1.1 beschriebenen Belastung resultiert eine Wälzbeanspruchung, sowie zeitversetzte Biege-, Querschub- und Stauchungsbeanspruchungen. Damit handelt es sich um einen mehrachsigen, zeitlich veränderlichen Spannungszustand. Ein lokaler Spannungszustand kann durch Diskretisierung eines Zahnes in Hexaederelemente und Betrachtung der Spannungsverläufe an jedem Element dargestellt werden. Im kartesischen Koordinatensystem liegt zu jedem Zeitpunkt ein Spannungstensor mit sechs voneinander unabhängigen Spannungskomponenten vor (Normalspannungen: σ_{rad}, σ_{tan}, σ_{ax} Schubspannungen: $\tau_{rad/tan}$, $\tau_{rad/ax}$, $\tau_{tan/ax}$). Da die

Werkstoffkennwerte in der Mehrzahl der Festigkeitshypothesen auf einem einachsigen, wechselnd oder schwellend schwingenden Spannungszustand basieren (z.B. Zug-Druckwechsel σ_W, Zugschwell- σ_{Sch}, Torsionswechsel- τ_W, Torsionsschwellbeanspruchung τ_{Sch}) muss der mehrachsige, zeitlich veränderliche Spannungszustand auf einen einfachen einachsigen Spannungszustand reduziert werden. Die Grundannahme von Festigkeitshypothesen ist, dass die durch verschiedene Spannungszustände hervorgerufenen Anstrengungen im Werkstoff miteinander vergleichbar sind. Dazu existieren im Stand der Technik eine Vielzahl an Hypothesen. [LEIP68]

Vergleichsspannungshypothesen bei schwingender Beanspruchung können in die Kategorien „Empirisch", „Kritische Schnittebene bzw. Hauptspannungsebene" und „Integrale Anstrengung/Vergleichsspannung" unterteilt werden. Empirische Methoden basieren im Wesentlichen auf Erfahrungswerten. Hypothesen der kritischen Schnittebene bzw. der Hauptspannungsebene werden angewendet, wenn davon ausgegangen wird, dass eine Rissinitiierung immer in einer Vorzugsebene stattfindet. Hingegen werden bei der Annahme, dass ein Zusammenwirken der Spannungen in allen Schnittebenen die Rissinitiierung verursacht, Hypothesen der integralen Anstrengung/Vergleichsspannung angewendet. Sowohl für die Hypothesen der kritischen Schnittebene bzw. der Hauptspannungsebene, als auch für die Hypothesen der integralen Anstrengung/Vergleichsspannung müssen die Spannungskomponenten über trigonometrische Beziehungen in eine oder mehrere Schnittebenen oder in einen Hauptspannungszustand rotiert werden. [HEID83]

Jede Schnittebene innerhalb eines Hexaederelementes kann durch die beiden Rotationswinkel φ und γ bestimmt werden, vgl. **Bild 2.2**. Räumlich betrachtet wird durch den Rotationswinkel φ im Winkelbereich $0 \leq \varphi \leq 2 \cdot \pi$ und den Rotationswinkel γ im Winkelbereich $0 \leq \gamma \leq \pi$ eine Einheitskugel aufgespannt. Dabei kann jede Schnittebene $\gamma\varphi$ als ein Punkt der Einheitskugeloberfläche aufgefasst werden, dessen Flächennormale an diesem Punkt die Kugeloberfläche durchdringt, vgl. Bild 2.2 oben mittig. Über trigonometrische Beziehungen kann der Spannungszustand im kartesischen Koordinatensystem am Hexaederelement folglich in eine Spannung normal zur Schnittebene $\sigma_{\varphi\gamma}$ und zwei Schubspannungen $\tau_{\gamma\varphi,1}$ und $\tau_{\gamma\varphi,2}$ bzw. eine resultierende Schubspannung $\tau_{\gamma\varphi}$ in der Schnittebene überführt werden. Der Spezialfall eines Hauptnormalspannungszustandes liegt dann vor, wenn der Spannungstensor senkrecht zur Schnittebene $\gamma\varphi$ steht und die Schubspannung $\tau_{\gamma\varphi}$ verschwindet. [LIU91]

NOVOSHILOV zeigt den Zusammenhang zwischen Hauptspannungsbetrachtung und Schnittebenenbetrachtung, indem er nachweist, dass der quadratische Mittelwert der Schubspannungen in sämtlichen Schnittebenen proportional zum VON MISES Kriterium ist, vgl. **Formel (2.1)**. Die Fließbedingung nach VON MISES entspricht dabei der zweiten Invariante des Spannungsdeviators. [NOVO61]

$$\sigma_{vM} = \frac{1}{3} \cdot [(\sigma_I - \sigma_{II})^2 + (\sigma_I - \sigma_{III})^2 + (\sigma_{II} - \sigma_{III})^2] \cong \sqrt{\frac{1}{4 \cdot \pi} \int_{\gamma=0}^{\pi} \int_{\varphi=0}^{2 \cdot \pi} \tau_{\gamma\varphi}^2 \, sin\,\gamma \; d\gamma d\varphi} \quad (2.1)$$

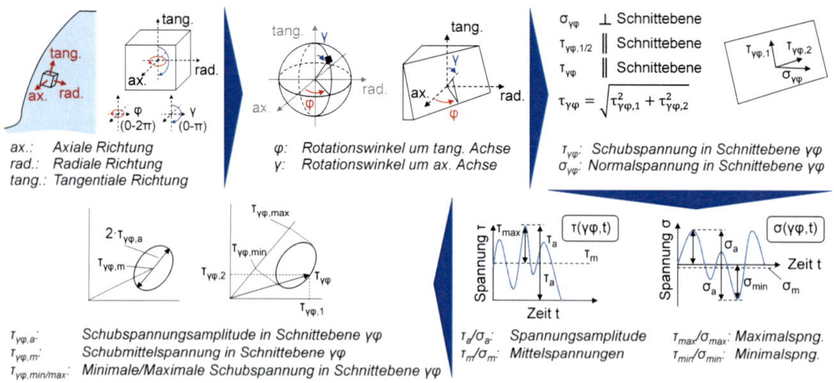

Bild 2.2: Betrachtung zeitveränderlicher Spannungen in Schnittebenen [LIU91]

Bei zeitlich veränderlichen Spannungen wird jede Spannungskomponente zu einer Spannungszeitfunktion erweitert. Dabei enthält die Spannungszeitfunktion einen statischen Teil, welcher durch eine Mittelspannung σ_m bzw. τ_m abgebildet wird, sowie einen schwingenden Anteil, welcher durch eine Spannungsamplitude σ_a bzw. τ_a abgebildet wird. Des Weiteren können die maximalen und minimalen Spannungswerte aus der Spannungszeitfunktion $\sigma_{min/max}$ bzw. $\tau_{min/max}$ ermittelt werden, vgl. Bild 2.2 unten rechts. Aus den maximalen und minimalen Spannungswerten kann ebenfalls das Spannungsverhältnis R gebildet werden. Aus der Spannungszeitfunktion der Normalspannung $\sigma_{\gamma\varphi}$ in der Schnittebene können die genannten Kenngrößen unmittelbar ermittelt werden. Die beiden Spannungszeitfunktionen der Schubspannung werden über eine Ortskurve in der Schnittebene abgebildet, vgl. Bild 2.2 unten links. Jeder Punkt der Ortskurve beschreibt einen Zeitpunkt t mit den angreifenden Schubspannungen $\tau_{\gamma\varphi,1}$ und $\tau_{\gamma\varphi,2}$ in der Schnittebene. Anhand des Mittelpunktes, sowie des größten Durchmessers der Hüllkurve können die Schubmittelspannung $\tau_{\gamma\varphi,m}$ und die Schubspannungsamplitude $\tau_{\gamma\varphi,a}$ bestimmt werden. Die maximale und minimale Schubspannung $\tau_{\gamma\varphi,max}$ bzw. $\tau_{\gamma\varphi,min}$ entspricht dem Punkt der Ortskurve mit dem längsten bzw. kürzesten Vektor. [PARK66]

Zur Berechnung der Zahnflankenbruchtragfähigkeit werden im Stand der Technik verschiedene Vergleichsspannungshypothesen angeführt, die im Folgenden erläutert werden. Es sei angemerkt, dass es sich hierbei lediglich um einen Teil der Vergleichsspannungshypothesen handelt, die in den vergangenen Jahren für mehrachsige, zeitlich veränderliche Beanspruchungen entwickelt wurden. Die vorgestellten Vergleichsspannungshypothesen finden in der überwiegenden Mehrheit der Berechnungsmethoden zur Zahnflankenbruchtragfähigkeit Anwendung.

Schubspannungsintensitätshypothese

Die Grundlage der Schubspannungsintensitätshypothese bildet Formel 2.1 und geht auf die Arbeiten von NOVOSHILOV zurück [NOVO61]. Der zeitlich veränderliche Spannungszustand wird in die Schnittebenenbetrachtung überführt und es werden Normal- und Schubspannungsamplituden und –mittelwerte für jede Schnittebene berechnet [LIU91]. Anhand der Interpretation jeder Schnittebene als ein Teil der Einheitskugeloberfläche (siehe Bild 2.2) kann eine berechnete Spannungskomponente oder eine Kombination mehrerer Spannungskomponenten über die Kugeloberfläche bzw. alle berechneten Schnittebenen integriert werden [LIU91]. Damit handelt es sich um eine integrale Vergleichsspannungshypothese. Prinzipiell können die Spannungskomponenten in der Schnittebene beliebig kombiniert werden [LIU91].

Für den Fall der Zahnflankenbruchberechnung haben sich zwei Ansätze auf Basis der Schubspannungsintensitätshypothese herauskristallisiert. WITZIG wählt die maximale Schubspannung in der Schnittebene $\tau_{\gamma\varphi,max}$ als maßgebende Beanspruchungskenngröße [WITZ12]. Der Parameter $\tau_{\gamma\varphi,max}$ wird einerseits auf Basis der Last- und Eigenspannungen $\tau_{eff,Last+ES}$, sowie einmal nur auf Basis der Eigenspannungen $\tau_{eff,ES}$ berechnet [WITZ12]. Durch Subtraktion beider Vergleichsspannungen wird die effektive Doppelamplitude $\tau_{eff,DA}$ gebildet, die den Beanspruchungszustand in der Berechnung der lokalen Werkstoffanstrengung *A* repräsentiert, vgl. **Formel (2.2)** [WITZ12]. Auf Basis dieser Vorgehensweise kann nach WICKBORN ebenfalls das Spannungsverhältnis *R* zur Beurteilung des Mittelspannungseinflusses auf die Wechselfestigkeit τ_W berechnet werden, vgl. **Formel (2.3)** [WICK17].

$$\tau_{eff,DA} = \tau_{eff,Last+ES} - \tau_{eff,ES} \quad \text{mit} \quad \tau_{eff} = \sqrt{\frac{1}{4\cdot\pi}\int_{\gamma=0}^{\pi}\int_{\varphi=0}^{2\cdot\pi}\tau_{\gamma\varphi,max}^2 \sin\gamma \, d\gamma d\varphi} \tag{2.2}$$

$$R = \frac{\tau_{eff,ES}}{\tau_{eff,Last+ES}} \tag{2.3}$$

KONOWALCZYK zieht zur Beurteilung des Beanspruchungszustandes die Doppelamplitude der Schubspannung in der Schnittebene $\tau_{\gamma\varphi,DA}$ anstelle der maximalen Schubspannung in der Schnittebene $\tau_{\gamma\varphi,max}$ heran, vgl. **Formel (2.4)** [KONO18]. Die Berücksichtigung der Mittelspannungsempfindlichkeit erfolgt über die Schubmittelspannung in der Schnittebene $\tau_{\gamma\varphi,m}$ in Kombination mit der FKM-Richtlinie anstelle des Spannungsverhältnisses *R*, vgl. **Formel (2.5)** [FKM03, KONO18]. Die Vergleichsspannung geht auf die Interpretation der Fließbedingung nach NOVOZHILOV zurück, nach der das Ende des elastischen Zustandes bzw. der Beginn des plastischen Zustandes dann erreicht wird, wenn die Schubspannungsintensität den kritischen Wert $2/15 \cdot R_e^2$ annimmt, vgl. **Formel (2.6)** [NOVO61].

$$\sigma_{v,a} = \sqrt{\frac{15}{8\cdot\pi}\int_{\gamma=0}^{\pi}\int_{\varphi=0}^{2\cdot\pi} 2\cdot\tau_{\gamma\varphi,a}^2 \sin\gamma \, d\gamma d\varphi} \tag{2.4}$$

$$\sigma_{v,m} = \sqrt{\frac{15}{8\cdot\pi}\int_{\gamma=0}^{\pi}\int_{\varphi=0}^{2\cdot\pi} \tau_{\gamma\varphi,m}^2 \sin\gamma \, d\gamma d\varphi} \tag{2.5}$$

$$\frac{2}{15}R_e^2 = \frac{1}{4\cdot\pi}\int_{\gamma=0}^{\pi}\int_{\varphi=0}^{2\cdot\pi}\tau_{\gamma\varphi}^2 \sin\gamma\, d\gamma d\varphi \text{ bzw. } R_e = \sqrt{\frac{15}{8\cdot\pi}\int_{\gamma=0}^{\pi}\int_{\varphi=0}^{2\cdot\pi}\tau_{\gamma\varphi}^2 \sin\gamma\, d\gamma d\varphi} \quad (2.6)$$

Kritische Schnittebenenhypothese

Kritische Schnittebenenhypothesen überführen den zeitlich veränderlichen Spannungszustand ebenfalls in Spannungen in der Schnittebene. Hingegen entfällt eine Integration der Schnittebenenspannungen über die Einheitskugel, da davon ausgegangen wird, dass eine spezifische Schnittebene für die Rissbildung verantwortlich ist. Die Beurteilung eines Beanspruchungszustandes auf Basis der Schnittebenenspannungen kann wiederum unterschiedlich formuliert werden. [LIU91]

MACKALDENER und AL ET AL. wählen das FINDLEY Kriterium als Vergleichsspannungshypothese. Die Beanspruchung wird anhand der maximalen Schubspannungsamplitude τ_a nach **Formel (2.7)** sowie der maximalen Normalspannung $\sigma_{n,max}$ nach **Formel (2.8)** über sämtliche Schnittebenen in Kombination mit dem FINDLEYparameter a_{CP} gebildet [FIND59, MACK01a, AL17]. Der FINDLEYparameter a_{cp} ist ein Materialparameter, welcher die Sensitivität eines Werkstoffes gegenüber Normalbeanspruchung beschreibt, und wird in Abhängigkeit der lokalen Härte *HV1* aus experimentellen Ergebnissen interpoliert [MACK01a, AL17].

$$\tau_a = max\,(\tau_{\gamma\varphi,a}) \quad (2.7)$$

$$\sigma_{n,max} = max\,(\tau_{\gamma\varphi,max}) \quad (2.8)$$

WEBER wählt in Abhängigkeit des Wechselfestigkeitsverhältnisses $k_W = \sigma_W/\tau_W$ eine Kombination aus Normal- und Schubspannungsamplituden und –mittelwerten in der Schnittebene. Die Vergleichsspannungsamplitude $\sigma_{\gamma\varphi,va}$ wird zur Bewertung des Beanspruchungszustandes und die Vergleichsmittelspannung $\sigma_{\gamma\varphi,vm}$ wird in Kombination mit der Mittelspannungsempfindlichkeit *M* nach der FKM-Richtlinie zur Beanspruchbarkeitsbewertung herangezogen, vgl. **Formeln (2.9)** bis **(2.12)**. Die Aufspaltung der Vergleichsspannung in Vergleichsspannungsamplituden- und Vergleichsmittelspannungen wird durchgeführt, um eine physikalisch sinnvolle Unterscheidung von Zugeigenspannungen und Druckeigenspannungen zu erreichen. [FKM03, WEBE15]

$$\sigma_{\gamma\varphi,va} = \sqrt{\sigma_{\gamma\varphi,a}^2 + k_W^2 \cdot \tau_{\gamma\varphi,a}^2} \quad \text{für } k_W \leq 2 \quad (2.9)$$

$$\sigma_{\gamma\varphi,vm} = sgn(\sigma_{\gamma\varphi,m}) \cdot \sqrt{\sigma_{\gamma\varphi,m}^2 + k_W^2 \cdot \tau_{\gamma\varphi,m}^2} \quad \text{für } k_W \leq 2 \quad (2.10)$$

$$\sigma_{\gamma\varphi,va} = \sqrt{k_W^2 \cdot \left(1 - \frac{k_W^2}{4}\right) \cdot \sigma_{\gamma\varphi,a}^2 + k_W^2 \cdot \tau_{\gamma\varphi,a}^2} \quad \text{für } k_W > 2 \quad (2.11)$$

$$\sigma_{\gamma\varphi,vm} = sgn(\sigma_{\gamma\varphi,m}) \cdot \sqrt{k_W^2 \cdot \left(1 - \frac{k_W^2}{4}\right) \cdot \sigma_{\gamma\varphi,m}^2 + k_W^2 \cdot \tau_{\gamma\varphi,m}^2} \quad \text{für } k_W > 2 \quad (2.12)$$

Hauptspannungshypothese

Die Vergleichsspannungshypothese von DANGVAN zählt zu den Hauptspannungshypothesen, wobei die Beanspruchung durch die Vergleichsschubspannung nach

TRESCA τ_I und die Beanspruchbarkeit durch den hydrostatischen Anteil des Spannungstensors σ_H in Kombination mit dem DANGVAN Parameter α_{DV} abgebildet wird [DANG89]. Die Vergleichsschubspannung nach TRESCA entspricht der größten Hauptschubspannung τ_I, welche aus den Hauptnormalspannungen nach **Formel (2.13)** berechnet werden kann. Der hydrostatische Spannungsanteil beschreibt den Anteil des Spannungstensors, der bei linear elastischem Materialverhalten zu keiner Gestaltänderung führt, sondern lediglich zu Volumenänderungen, vgl. **Formel (2.14)** [LIU91]. Die Hypothese findet im Berechnungsansatz nach OCTRUE ET AL. Anwendung [OCTR18].

$$\tau_I = (\sigma_I - \sigma_{III})^2 \tag{2.13}$$

$$\sigma_H = \frac{1}{3} \cdot \left(\sigma_{radial} + \sigma_{tangential} + \sigma_{axial}\right) \tag{2.14}$$

2.1.3 Schadensarten Zahnflankenbruch und innerer Zahnermüdungsbruch

Damage Pattern Tooth Flank Fracture and Tooth Interior Fatigue Fracture

Der Zahnflankenbruch hat seinen Rissausgangsort unter der Bauteiloberfläche in einer Tiefe von $t \approx 2{,}5^*$ CHD_{550} bzw. im Übergang von gehärteter Randschicht zu ungehärtetem Kerngefüge, bevorzugt an einem nichtmetallischen Einschluss (z.B. Aluminiumoxid, Mangansulfid) [MACK01a, WITZ12, WICK17, KONO18, MÜLL19]. Nichtmetallische Einschlüsse zählen neben Poren, Seigerungen und Karbiden zu den Materialinhomogenitäten (in dieser Arbeit als Fehlstellen bezeichnet), da sie zu einem Härte- und/oder E-Modulgradienten im Gefüge führen. Als Ursache der Rissinitiierung wird von einer Spannungsüberhöhung aufgrund des E-Modul- und Mikrohärteunterschiedes zwischen Fehlstelle und Gefügematrix sowie der Kerbwirkung der Fehlstelle ausgegangen [BAUE95, WITZ12, BAUE17, WICK17]. Die Rissinitiierung erfolgt in etwa auf halber Zahnhöhe, häufig im Bereich zwischen dem unteren Einzeleingriffsübergang und dem Wälzkreis [MACK02, BOIA15, KONO18, VULL20], vgl. **Bild 2.3** links.

In der Rissausbreitungsphase kommt es zur Entstehung eines Primärrisses, welcher in einem Winkel von 40 bis 50 Grad zur aktiven Zahnflanke verläuft [THOM98, WITZ12, BOIA15]. Die Rissausbreitung erfolgt vorwiegend im Kerngefüge im Lastspielzahlbereich $N_L > 10^5$ [MACK02]. Des Weiteren kann es zur Entstehung von Sekundär- und Tertiärrissen kommen, welche aufgrund der veränderten Steifigkeitseigenschaften nach Ausbildung des Primärrisses entstehen und parallel zum Zahnkopf verlaufen [WITZ12]. Eine Abgrenzung der Schadensart Zahnflankenbruch vom inneren Zahnermüdungsbruch (Tooth Interior Fatigue Fracture bzw. TIFF) kann anhand des Rissverlaufes erfolgen. Die Einflussgrößen und Rissinitiierungsmechanismen sind zwischen Zahnflankenbruch (TFF) und innerem Zahnermüdungsbruch (TIFF) vergleichbar [MACK01a, MEIS19]. Der TIFF tritt häufig bei wechselnder Belastung im Zug-/Schubbetrieb von Zahnrädern (insbesondere Planetenräder) auf und ist durch ein plateauartiges Abtrennen des Zahnkopfes auf Höhe der Zahnmitte gekennzeichnet [MACK01b, WITZ12], vgl. Bild 2.3 rechts.

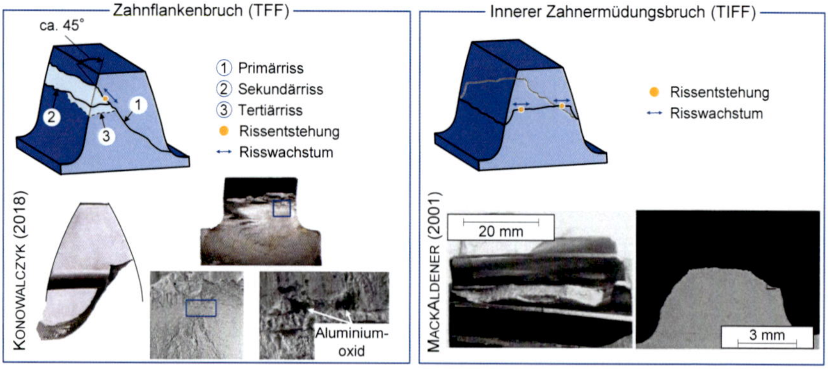

Bild 2.3: Zahnflankenbruch und Innerer Zahnermüdungsbruch [MACK01b, KONO18]

2.1.4 Einflussgrößen auf die Zahnflankenbruchtragfähigkeit

Factors influencing the Tooth Flank Fracture Load Capacity

Beanspruchungsformen

Die Beanspruchung unterteilt sich generell in die Primärbeanspruchung und die Sekundärbeanspruchung, vgl. Kapitel 2.1.1. Die Primärbeanspruchung infolge der HERTZ'schen Kontaktabplattung hat einen signifikanten Einfluss auf die Entstehung von Zahnflankenbrüchen [MACK00, WITZ12, WEBE15, BOIA15, AL16b, BAUE17, KONO18, OCTR18]. Hinsichtlich des Einflusses der Sekundärbeanspruchung kommen aktuelle Forschungsergebnisse zu unterschiedlichen Einschätzungen, wobei ein Einfluss der Zahnstauchung auf die Zahnflankenbruchtragfähigkeit in keiner der Arbeiten postuliert wird. Nach BAUER sind Biegung und Querkraftschub gänzlich vernachlässigbar, da sie nach seinen Berechnungen nur minimale Effekte im Übergang zwischen gehärteter Randschicht und Kerngefüge haben [BAUE17]. Nach WITZIG sind Biegung und Querkraftschub vernachlässigbar, insofern es zu keiner Lastüberhöhung infolge eines vorzeitigen Zahneingriffes im Kopfflankenbereich kommt [WITZ12].Nach WEBER ist Biegung vernachlässigbar, da sie ihr Maximum an der Zahnflanke aufweist und zum Kern abfällt [WEBE15]. Die Beanspruchung infolge des Querkraftschubes sollte hingegen berücksichtigt werden, da sie zum Kern hin degressiv ansteigt und das Anstrengungsplateau hin zu höheren Tiefenlagen streckt [WEBE15]. BRUCKMEIER und KONOWALCZYK postulieren einen signifikanten Einfluss von Biegung und Querschub auf die Entstehung von Zahnflankenbrüchen, insbesondere bei schlanken Zähnen [BRUC06, KONO18].

Makrogeometrie

Als makrogeometrische Einflussgrößen werden im Stand der Technik der Normaleingriffswinkel α_n, der Schrägungswinkel β, der Normalmodul m_n, die Zahndicke auf halber Evolventenhöhe S_{ny} und die Profilverschiebung x aufgeführt. In den experimentellen Untersuchungen von TOBIE treten unvorhergesehene Zahnflankenbrüche an einer

Geradverzahnung mit Normalmodul m_n = 3 mm, Achsabstand a = 200 mm und Zähnezahlen $z_{1/2}$ = 67/69 auf [TOBI01]. TOBIE vermutet einen Zusammenhang zwischen der Zahnflankenbruchtragfähigkeit und dem im Verhältnis zum Achsabstand a kleinen Normalmodul m_n. Außerdem könnte die auf den Teilkreis d bezogene, geringe Zahnkopfhöhe, sowie der im Verhältnis zur einsatzgehärteten Randschicht geringe Restquerschnitt des Zahns ein Grund für das Auftreten der Schadensart sein [TOBI01]. Der negative Einfluss eines hohen Normaleingriffswinkels α_n ist in mehreren Arbeiten bestätigt worden [BRUC06, WITZ12, BEER15, BÖHM22]. Hohe Normaleingriffswinkel α_n führen zu einer Erhöhung des Ersatzkrümmungsradius ρ_{ers} und folglich zu einer Erhöhung der HERTZ'schen Abplattungsbreite b_H. Dadurch verschiebt sich das Maximum der Vergleichsspannung nach der Gestaltänderungsenergiehypothese (GEH) oder der Schubspannungsintensitätshypothese (SIH) in höhere Tiefenlagen, wo eine geringere Materialfestigkeit und geringere Druckeigenspannungen oder sogar Zugeigenspannungen vorliegen [BRUC06, WITZ12, BEER15, BÖHM22]. BAUER schätzt den Einfluss der Profilverschiebung x auf die Zahnflankenbruchtragfähigkeit als vernachlässigbar klein ein, da der Einfluss von Zahnbiegung und Querschub vernachlässigbar ist und der Einfluss auf die Eigenspannungsverteilung gering ist [BAUE17]. Hingegen weisen andere Arbeiten den positiven Einfluss hoher Zahndicken auf halber Evolventenhöhe S_{ny} nach, da sie zu einem höheren Flächenwiderstandsmoment und damit zu geringeren Spannungen infolge Zahnbiegung und Querschub führen [MACK00, HERT03, AL16b]. Außerdem begünstigen hohe Zahndicken einen Ausgleich der Druckeigenspannungen über Zugeigenspannungen im Kern. In der Folge kann es zu einer Abnahme des Zugeigenspannungsmaximums im Zahninneren kommen [MACK00, HERT03, AL16b]. BEERMANN zeigt in einer Variationsrechnung mit dem Normberechnungsansatz ISO/TS 6336-4 den positiven Einfluss einer Vergrößerung des Normalmoduls m_n auf, insofern die Einsatzhärtetiefe CHD_{550} an den Normalmodul m_n angepasst wird [BEER15, ISO19c]. Des Weiteren zeigt BEERMANN eine sinkende Zahnflankenbruchtragfähigkeit mit steigendem Schrägungswinkel β auf, wobei dies möglicherweise durch steigende Normaleingriffswinkel α_n bei größerem Schrägungswinkel β verursacht wird [BEER15].

Mikrogeometrie

Als maßgebliche mikrogeometrische Einflussgrößen auf die Zahnflankenbruchtragfähigkeit werden in der Literatur nicht vorhandene oder zu hoch gewählte Freistellungen des Kopfflankenbereiches bei Gerad- und Schrägverzahnungen angeführt. Bei Geradverzahnungen ohne Kopfrücknahme C_a kommt es zu einem Eingriffsstoß im Kopfflankenbereich des getriebenen Rades und im Fußflankenbereich des treibenden Rades. Der Eingriffsstoß führt zu einer tragfähigkeitsmindernden Lastüberhöhung, die hinsichtlich Zahnflankenbruch im Bereich der Kopfflanke kritischer ist als im Bereich der Fußflanke [WITZ12]. Aus diesem Grund ist das getriebene Rad in den Untersuchungen von WITZIG vermehrt über Zahnflankenbruch ausgefallen [WITZ12]. BEERMANN zeigt rechnerisch das Risiko einer zu hohen Kopfrücknahme C_a bei Geradverzahnungen oder einer zu hohen Eckrücknahme C_ε bei Schrägverzahnungen auf, da das Pressungsmaximum in ungünstige Bereiche der Zahnflanke verschoben wird [BEER15].

Insgesamt ist zu beobachten, dass der Einfluss der Mikrogeometrie auf die Zahnflankenbruchtragfähigkeit wenig erforscht ist.

Belastung, Belastungshistorie & Belastungsrichtung

Nach WITZIG und nach PATEL ET AL. führt eine Erhöhung der Belastung in Form einer Erhöhung des Drehmomentes M zu einer Parallelverschiebung der Materialanstrengung A über der Tiefe t, wobei ein linearer Zusammenhang zwischen Drehmoment M und Materialanstrengung A besteht [WITZ12, AL16c]. Nach KONOWALCZYK wirkt sich ein Drehmomentanstieg kritischer auf die Materialanstrengung A in der Werkstofftiefe im Vergleich zur Randschicht aus [KONO18]. Die Tiefenlage der maximalen Materialanstrengung $t_{max(A)}$ wird durch das Drehmoment M nicht beeinflusst [KONO18, MÜLL19]. Zahnräder mit rein wechselnder Belastung (z.B. Planetenräder) haben ein 20 % höheres Risiko gegenüber Zahnflankenbruch [MACK01a]. In einigen Fällen verursacht die wechselnde Belastung einen inneren Zahnermüdungsbruch (TIFF) anstelle eines Zahnflankenbruchs (TFF), vgl. Kapitel 2.1.3. Bei hohen Überlasten sinkt nach aktuellem Kenntnisstand die Zahnflankenbruchdauerfestigkeit [ANNA03, WITZ12]. Außerdem sinkt die Lastspielzahl N_L bis zum Zahnflankenbruch, wenn eine hohe Lastspielzahl N_L im Überlastbereich vorliegt [ANNA03, WITZ12]. Hingegen können kurzzeitige Überlasten zu einer Werkstoffverfestigung führen und damit einen positiven Effekt haben [WITZ12].

Fehlstellen

Nichtmetallische Einschlüsse werden als Fehlstellen im Gefüge interpretiert und haben einen signifikanten Einfluss auf die Entstehung von Zahnflankenbrüchen [WITZ12, KONO18, MEIS19]. Nach BRUCKMEIER steigt die Beanspruchung an einem nichtmetallischen Einschluss um bis zu 30 % [BRUC06]. Dabei sind in der Regel Mangansulfide und Aluminiumoxide Rissausgangsorte für den Zahnflankenbruch [WITZ12]. Von Aluminiumoxiden geht eine höhere Ausfallwahrscheinlichkeit aus als von Mangansulfiden [WICK17]. Dies kann möglicherweise darauf zurückgeführt werden, dass sich Aluminiumoxide im Gegensatz zu Mangansulfiden unter Belastung nur geringfügig plastisch verformen und es bei der walzenden Bearbeitung des Halbzeuges schon zu einer Gefügetrennung zwischen Einschluss und Matrix kommen kann. Damit liegen bereits vor dem Betrieb Mikrorisse vor, die eine spätere Rissbildung im Betrieb begünstigen. Der Einfluss von Poren, Karbiden und Seigerungen auf die Zahnflankenbruchtragfähigkeit ist bisher nicht erforscht und es sind keine experimentellen Ergebnisse dokumentiert, in denen die Rissinitiierung an einer dieser Fehlstellen erfolgt ist.

Auch wenn große Fehlstellen die Tragfähigkeit nach der Modellvorstellung von MURAKAMI stärker senken, führen nach WICKBORN kleine Fehlstellen bzw. nichtmetallische Einschlüsse aufgrund ihrer Häufigkeit eher zu Zahnflankenbrüchen als große Fehlstellen [WICK17, MURA19]. Generell führt eine Reduktion der Fehlstellengröße und –anzahl zu einer Tragfähigkeitssteigerung [KONO18]. Dabei hat die Fehlstellengröße einen stärkeren Tragfähigkeitseinfluss bei niedrigen Härten [KONO18]. Aufgrund der mit steigendem Werkstoffvolumen höheren Wahrscheinlichkeit großer Fehlstellen steigt die Zahnflankenbruchgefahr mit zunehmender Bauteilgröße [BAUE95, WICK17].

Härte und Eigenspannungen

Das Härteprofil einsatzgehärteter Zahnräder wird üblicherweise durch die Randhärte HV_R, die Kernhärte HV_K und die Einsatzhärtetiefe CHD_{550} beschrieben. Eine Erhöhung der Randhärte HV_R führt nach MÜLLER ET AL. zu geringeren Materialanstrengungen A im einsatzgehärteten Randbereich, was gegenüber eine Grübchenbildung von Vorteil sein kann [MÜLL21]. Eine hohe Differenz zwischen Randhärte HV_R und Kernhärte HV_K führt jedoch zu ausgeprägten Druckeigenspannungen im Randbereich, welche durch tragfähigkeitsmindernde Zugeigenspannungen im Kernbereich ausgeglichen werden und mit Blick auf die Zahnflankenbruchtragfähigkeit als kritisch eingestuft werden [KONO18, MÜLL21]. Dadurch sind hinsichtlich Grübchenbildung und Zahnflankenbruch gegensätzliche Härteeigenschaften anzustreben. Härteplateaus haben einen identischen Effekt und sind gegenüber Zahnflankenbruch kritischer als ein linearer Abfall der Härte [KONO18]. Der Einfluss der Kernhärte HV_K wird unterschiedlich bewertet. BAUER sieht bei den in seiner Versuchsreihe geprüften Werkstoffen keinen Einfluss der Kernhärte auf die Zahnflankenbruchtragfähigkeit [BAUE17]. Nach HEIN wird die Höhe der Materialanstrengung A durch die Kernhärte HV_K nicht beeinflusst, es kommt mit sinkender Kernhärte HV_K aber zu einer Verschiebung des Anstrengungsmaximums in höhere Tiefenlagen [HEIN17]. Nach KLEIN und nach KONOWALCZYK steigt die Zahnflankenbruchtragfähigkeit mit steigender Kernhärte HV_K [KLEI11, KONO18]. Die Kernhärte HV_K sollte hierbei aber nur unter Beibehaltung der Restriktionen nach ISO 6336-5 für das Einsatzhärten angehoben werden, da beispielsweise ein Durchhärten aufgrund der Phasenumwandlungsabfolge zu einer Ausbildung von Zugeigenspannungen in der Randzone führen würde [ISO16]. Eine Steigerung der Einsatzhärtetiefe CHD_{550} hat nach Meinung aller Autoren einen positiven Einfluss auf die Zahnflankenbruchtragfähigkeit [MACK00, HERT03, BRUC06, AL16b, KONO18, OCTR18, MÜLL21, BÖHM22]. Der Höhe der Einsatzhärtetiefe CHD_{550} sind nach physikalischem Verständnis Grenzen gesetzt, da der Betrag der Zugeigenspannungen im Kern mit steigender Einsatzhärtetiefe CHD_{550} zunimmt. Messungen von WITZIG belegen diesen Anstieg der Zugeigenspannungen mit zunehmender Einsatzhärtetiefe CHD_{550} [WITZ12]. Durch eine Änderung der Einsatzhärtetiefe CHD_{550} wird sowohl der Maximalwert der Materialanstrengung A, als auch die Tiefenlage der maximalen Materialanstrengung $t_{max(A)}$ beeinflusst [WITZ12, KONO18, MÜLL21]. AL ET AL. vermuten einen stärkeren Einfluss von Eigenspannungen mit steigendem Drehmoment [AL16a].

Werkstoffgefüge

Der Einfluss des Werkstoffgefüges ist in der Literatur wenig untersucht. Nach WITZIG weist 18CrNiMo7-6 gegenüber 20MnCr5 eine höhere Zahnflankenbruchdauerfestigkeit und höhere Lastspielzahlen N_L bis zum Schadenseintritt auf [WITZ12]. Die höhere Zähigkeit von 18CrNiMo7-6 führt zu einer höheren Schadenstoleranz bzw. einer geringeren Rissausbreitungsgeschwindigkeit in der Rissausbreitungsphase [WITZ12].

BAUER erkennt keinen Werkstoffeinfluss auf die Zahnflankenbruchtragfähigkeit [BAUE17]. Nach BÖHME können Austenitinseln eine suboberflächeninduzierte Rissinitiierung begünstigen und damit potenziell tragfähigkeitsmindernd sein [BÖHM22].

2.2 Modelle zur Berechnung der Zahnflankenbruchtragfähigkeit

Models for the Calculation of the Tooth Flank Fracture Load Capacity

Aufgrund der zunehmenden Relevanz der Schadensart Zahnflankenbruch sind in den vergangenen Jahren viele Berechnungsverfahren entwickelt worden [MACK01b, WITZ12, DNV15, WEBE15, AL16b, BAUE17, WICK17, KONO18, ISO19c, OCTR18, MEIS19, NBN19]. Bei den Berechnungsansätzen werden genormte Berechnungsansätze und lokal-numerische Berechnungsansätze unterschieden. Die genormten Berechnungsverfahren sind in der Regel durch einfache Anwendung, kurze Rechenzeit und die Ausgabe eines Sicherheitsfaktors charakterisiert. Die lokal-numerischen Verfahren bewerten hingegen die Beanspruchung und Beanspruchbarkeit für das gesamte Werkstoffvolumen im aktiven Zahnflankenbereich, haben eine höhere Rechendauer und einen höheren Detaillierungsgrad der Ergebnisgrößen (z.B. Lage der maximalen Materialanstrengung A, Ausfallwahrscheinlichkeit P_A etc.).

2.2.1 Genormte Berechnungsansätze

Normative Calculation Approaches

ISO/TS 6336-4

Der Normansatz ISO/TS 6336-4 ist ein auf den Arbeiten von WITZIG basierendes, praxisorientiertes Berechnungsverfahren [WITZ12, ISO19c]. Der Grundgedanke des Ansatzes besteht in der Ermöglichung einer Aussage zum Schadensrisiko unterhalb der Oberfläche, sowie der Vermeidung von Iterations- und Integrationsschritten im Berechnungsablauf [WITZ12]. Dazu wurde die Schubspannungsintensitätshypothese SIH in der Interpretation nach SIMBÜRGER in praxisorientierte Berechnungsformeln überführt [SIMB75]. Das Zahnflankenbruchrisiko wird über die Anstrengung A in Abhängigkeit der Materialtiefe t an verschiedenen Punkten der Eingriffsstrecke CP (≙ Contact Point) nach **Formel (2.15)** berechnet [ISO19c]. Die Berechnung der Anstrengung $A_{FF,CP}(t)$ erfolgt über eine Gegenüberstellung von Beanspruchung $\tau_{eff,CP}(t)$ und Beanspruchbarkeit $\tau_{per,CP}(t)$ [ISO19c]. Der Faktor c_1 beschreibt einen Kalibrierungsfaktor auf Basis von experimentellen Ergebnissen und ist bislang nur für Einsatzstähle gültig.

$$A_{FF,CP}(t) = \frac{\tau_{eff,CP}(t)}{\tau_{per,CP}(t)} + c_1 \qquad \text{mit } c_1 = 0{,}04\ f\ddot{u}r\ Einsatzst\ddot{a}hle \qquad (2.15)$$

Die Beanspruchung wird über die lokale Vergleichsspannung $\tau_{eff,CP}(t)$ ermittelt, welche sich aus dem lastbedingten Anteil der Beanspruchung $\tau_{eff,L,CP}(t)$, dem eigenspannungsbedingten Anteil der Beanspruchung $\tau_{eff,RS,CP}(t)$ und dem Einfluss der Eigenspannungen auf den Lastspannungszustand $\Delta\tau_{eff,L,RS,CP}(t)$ zusammensetzt, vgl. **Formel (2.16)**. Der lastbedingte Anteil der Vergleichsspannung $\tau_{eff,L,CP}(t)$ berücksichtigt die aus dem HERTZ'schen Kontakt resultierenden, maximalen Vergleichsschubspannungen, analog zur SIH. Der Einfluss von Zahnbiegung, Querschub und Stauchung wird vernachlässigt. Zur Vergleichsspannungsberechnung wird die lokale HERTZ'sche Pressung $p_{dyn,CP}$

ermittelt, welche nach Methode A über eine 3D Zahnkontaktanalyse inklusive Anwendungs-und Dynamikfaktor K_A bzw. K_V oder nach Methode B über **Formel (2.17)** bestimmt werden kann. Fehlende oder fehlerhaft ausgelegte Mikrogeometriemodifikationen, die zu einer lokalen Pressungsüberhöhung führen, können über den Lastaufteilungsfaktor X_{CP} berücksichtigt werden. Die Berechnung des Einflusses der Eigenspannungen auf den Lastspannungszustand $\Delta\tau_{eff,L,RS,CP}(t)$ beruht auf einer nichtlinearen Regressionsgleichung, die von WITZIG auf Basis der höherwertigen Berechnungsmethode entwickelt wurde [WITZ12]. Die eigenspannungsbedingte Vergleichsspannung $\tau_{eff,RS,CP}(t)$ berücksichtigt lediglich Druckeigenspannungen, wobei die Ermittlung des Eigenspannungsprofils über die Näherung nach LANG über seine Gültigkeitsgrenze $t \leq 0{,}5 \cdot CHD_{550}$ hinaus erfolgt [LANG79]. In BROECKMANN ET AL. wurde eine Erweiterung des bestehenden Ansatzes zur Berücksichtigung von Zugeigenspannungen erarbeitet [BROE22]. Die Ermittlung des Eigenspannungsprofils erfolgt durch eine Sigmoidfunktion, deren Parameter auf Regressionsgleichungen von Eigenspannungsmessungen beruhen [BROE22]. Die Überführung der Erweiterung in die ISO 6336-4 steht aus.

$$\tau_{eff,CP} = \tau_{eff,L,CP}(t) - \Delta\tau_{eff,L,RS,CP}(t) - \tau_{eff,RS,CP}(t) \tag{2.16}$$

$$p_{dyn,CP} = \sqrt{K_A \cdot K_\gamma \cdot K_V \cdot K_{H\alpha} \cdot K_{H\beta}} \cdot Z_E \cdot \sqrt{\frac{F_t \cdot X_{CP}}{b \cdot \rho_{red,CP} \cdot \cos\alpha_t}} \tag{2.17}$$

Die lokale Materialfestigkeit $\tau_{per,CP}(t)$ wird in Abhängigkeit der lokalen Härte $HV(t)$ nach **Formel (2.18)** bestimmt. Der Härteumrechnungsfaktor $K_{\tau,per}$ ist ein empirischer Faktor zur Umrechnung der Härte in eine Schubwechselfestigkeit und basiert auf Erfahrungswerten für Einsatzstähle. Der Materialfaktor $K_{material}$ berücksichtigt den Einfluss der Härtbarkeit und Duktilität, sowie des Gefüges verschiedener Werkstoffe. Der festigkeitsmindernde Einfluss von Werkstoffdefekten (z.B. nichtmetallische Einschlüsse) wird vernachlässigt oder indirekt durch die verringerte Anstrengungsgrenze A = 0,8 pauschal berücksichtigt [ISO19c]. WICKBORN erarbeitete eine Erweiterung des bestehenden Ansatzes zur Berücksichtigung von Werkstoffdefekten über eine Integration des Faktor K_{Defekt} als Multiplikator in Formel (2.18) [WICK17]. WICKBORNS Ansatz beruht auf dem empirischen Ansatz von MURAKAMI zur Berechnung der Wechselfestigkeit an innenliegenden Fehlstellen [WICK17, MURA19]. Eine Überführung der Erweiterung in die ISO 6336-4 steht aus.

$$\tau_{per,CP}(t) = K_{\tau,per} \cdot K_{material} \cdot HV(t) \qquad \text{mit } K_{\tau,per} = 0{,}4\ für\ Einsatzstähle \tag{2.18}$$

DNVGL-CG-0036

Die Norm DNVGL-CG-0036 dient der Ermittlung der Zahnradtragfähigkeit von Schiffsgetrieben und beinhaltet neben der Grübchen- und Zahnfußtragfähigkeitsberechnung die Berechnung suboberflächeninduzierter Ermüdung für randschichtgehärtete Stirn- und Kegelräder. Das Ergebnis der Berechnung ist eine minimal geforderte Härte HV in Abhängigkeit der Tiefe bzw. des Abstandes zur Zahnflanke t nach **Formel (2.19)**. [DNV15]

$$HV = 0{,}4 \cdot \sigma_{HR} \cdot S_H \cdot cos\left(\frac{\frac{t}{a_H}-0{,}5}{\frac{t}{a_H}+0{,}5} \cdot 90°\right) \quad \text{für:} \quad \frac{t}{a_H} \geq 0{,}5 \tag{2.19}$$

Auf der Beanspruchungsseite wird der Einfluss der HERTZ'schen Kontaktpressung für Stirnräder durch eine Erweiterung der Zahnflankenpressung nach ISO 6336-2 σ_H mit **Formel (2.20)** berücksichtigt. Der Einfluss von Zahnbiegung, Querschub und Stauchung wird vernachlässigt. Die HERTZ'sche Abplattungsbreite wird mit dem empirisch ermittelten Faktor 1,2 multipliziert und fließt nach **Formel (2.21)** als modifizierte HERTZ'sche Abplattungsbreite a_H in Formel (2.19) ein.

$$\sigma_{HR} = \sigma_H \cdot \frac{\sqrt{1-\varepsilon_\beta+\frac{\varepsilon_\beta}{\varepsilon_\alpha}}}{Z_\varepsilon} \quad \text{für:} \quad \varepsilon_\beta < 1 \quad \text{sonst: } \sigma_{HR} = \sigma_H \tag{2.20}$$

$$a_H = 1{,}2 \cdot \frac{\sigma_{HR} \cdot S_H \cdot \rho_C}{56300} \tag{2.21}$$

Die Berechnung ist für den hohen Lastspielzahlbereich gültig ($N_L > 3 \cdot 10^6$). Für den Bereich der Kurzzeitfestigkeit ($N_L < 10^3$) und den Bereich der Zeitfestigkeit ($10^3 \leq N_L \leq 3 \cdot 10^6$) wird ein abweichendes Berechnungsvorgehen aufgezeigt.

NBN E 23-402

Die belgische Norm NBN E 23-402 ist ein empirisch-analytisches Berechnungsverfahren zur Berechnung der Zahnflankenbruchtragfähigkeit einsatzgehärteter Stirn- und Kegelräder und geht auf die Arbeiten von LEIMANN zurück [LEIM19]. Die Ermittlung der Sicherheit erfolgt nach **Formel (2.22)** durch Gegenüberstellung einer auftretenden Spannung σ_O mit einer ertragbaren Spannung σ_P. [NBN19]

$$S_{TFF} = \frac{\sigma_P}{\sigma_O} \tag{2.22}$$

Die Berechnung der Sicherheit S_{TFF} erfolgt am unteren Einzeleingriff in einer modul- oder härtetiefenabhängigen Tiefe zwischen $t \approx 0{,}4 \cdot m_n$ und $t \approx 2 \cdot CHD_{550}$. Beanspruchungsseitig werden der Einfluss der HERTZ'schen Kontaktpressung $\sigma_{O,Hertz}$, des Querschubes σ_{Shear}, der Zahnbiegung σ_{Bend} und der Einfluss von Werkstoffdefekten β_{TFF} nach **Formel (2.23)** berücksichtigt. Die Beanspruchung infolge der HERTZ'schen Kontaktpressung erfolgt über die Berechnung der Vergleichsspannung nach VON MISES ohne Berücksichtigung von Schubspannungen nach **Formel (2.24)**. Die Berechnung der Normalspannungen erfolgt analytisch auf Basis der Pressung p_H am unteren Einzeleingriff, der Tiefe t und der HERTZ'schen Abplattungsbreite b_H, wobei die HERTZ'sche Abplattungsbreite b_H mit einem empirischen Kalibrierungsfaktor X_{bH} erweitert wird. In die Berechnung der Spannungen durch Zahnbiegung und Querschub fließt die Kraft am oberen Einzeleingriffspunkt F_{UPSC} ein. Dabei wird bei der Kraftberechnung im Gegensatz zu anderen Methoden ein Zeitfaktor F_{Time} hinzugezogen. Der Zeitfaktor F_{Time} berücksichtigt die Zeit zwischen der Entspannung des Materials nach dem HERTZ'schen Kontakt und der erneuten Beanspruchung infolge Biegung und Querschub. Nach LEIMANN steigt die Beanspruchung, wenn keine vollständige Materialentspannung nach dem HERTZ'schen Kontakt stattgefunden hat und sich beide Beanspruchungsmechanismen überlagern.

$$\sigma_O = \left(\sigma_{O,Hertz} + \sigma_{Shear} + \sigma_{Bend}\right) \cdot \beta_{TFF} \tag{2.23}$$

$$\sigma_{O,Hertz} = \sqrt{0{,}5 \cdot \left[\left(\sigma_x - \sigma_y\right)^2 + \left(\sigma_y - \sigma_z\right)^2 + \left(\sigma_x - \sigma_z\right)^2\right]} \tag{2.24}$$

Die Beanspruchbarkeit wird über die ertragbare Spannung σ_P nach **Formel (2.25)** berechnet. Dabei wird angenommen, dass neben der Härte σ_{HV} (Ertragbare Spannung durch lokale Härte) auch die Spannungen infolge HERTZ'scher Kontaktpressung $\sigma_{p,Hertz}$, Eigenspannungen $\sigma_{Residual}$ und Spannungen infolge Zahnbiegung, Querschub und Stauchung σ_{Rest} einen Einfluss auf die ertragbare Spannung haben und in einen Festigkeitskennwert überführt werden können. Die ertragbare Spannung infolge HERTZ'scher Kontaktpressung $\sigma_{p,Hertz}$ wird außerdem mit einem Kalibrierungsfaktor $f_{c,Hertz}$ erweitert. Die Summe der ertragbaren Spannungen wird mit dem Materialfaktor β_M multipliziert, welcher für die Werkstoffe 20MnCr5 (β_M = 0,95) und 18CrNiMo7-6 (β_M = 1) angegeben ist.

$$\sigma_P = \left(\sigma_{HV} + \sigma_{P,Hertz} \cdot f_{c,Hertz} + \sigma_{Residual} + \sigma_{Rest}\right) \cdot \beta_M \tag{2.25}$$

2.2.2 Lokal-numerische Berechnungsansätze
Numerical Calculation Approaches

In den letzten Jahren wurden zahlreiche lokal-numerische Berechnungsmethoden zur Bestimmung der Zahnflankenbruchtragfähigkeit von Stirnrädern entwickelt [MACK01b, WITZ12, WEBE15, AL16b, BAUE17, WICK17, KONO18, OCTR18, MEIS19], **Bild 2.4**.

Autor(en) Jahr	Berechnung der Primärbeanspruchung	Berechnung der Sekundärbeanspr.	Berechnung der Eigenspannungen	Lokale Festigkeit	Berücksichtigung nichtmetallischer Einschlüsse	Vergleichsspannungs-hypothese
AL, PATEL, LANGLOIS 2016	numerisch (Masta LTCA)	numerisch (Masta LTCA)	numerisch (nach MACKALDENER)	Wechsel-/Torsionsfestigkeitsprüfung		Kritische Schnittebene (FINDLEY)
BAUER 2017	analytisch (elastischer Halbraum)	-	-	empirisch	-	Hauptspannung (GEV, VON MISES)
KONOWALCZYK 2018	numerisch (Abaqus CAE, 3D)	numerisch (Abaqus CAE, 3D)	analytisch (LANG) + Optimierung	nach MURAKAMI		Integral (SIH, SIMBÜRGER)
MACKALDENER 2001	numerisch (ANSYS, 2D)	numerisch (ANSYS, 2D)	numerisch	Wechsel-/Torsionsfestigkeitsprüfung		Kritische Schnittebene (FINDLEY)
MEIS 2017	numerisch (ANSYS)	numerisch (ANSYS)	empirisch (Regression)	MURAKAMI		Kritische Schnittebene (nicht veröffentlicht)
OCTRUE, GHRIBI, SAINSOT 2018	analytisch (elastischer Halbraum)	-	analytisch (LANG) + Optimierung	empirisch	-	Hauptspannung (SH, DANG VAN)
WEBER 2015	analytisch + Korrektur (elastischer Halbraum)	analytisch (Elastischer Keil)	analytisch (LANG) + Optimierung	FKM + MURAKAMI		Kritische Schnittebene (KEV, Bosch)
WICKBORN 2017	analytisch (elastischer Halbraum)	analytisch (Biegebalken)	analytisch (LANG)	empirisch	K_{Defekt} (auf Basis MURAKAMI)	Integral (SIH, SIMBÜRGER)
WITZIG 2012	analytisch (elastischer Halbraum)	analytisch (Biegebalken)	analytisch (LANG)	empirisch	-	Integral (SIH, SIMBÜRGER)

Bild 2.4: Lokal-numerische Berechnungsansätze für Zahnflankenbruch bei Stirnrädern

Den Berechnungsmethoden ist gemein, dass die lokale Sicherheit *S* oder Anstrengung *A* als Kehrwert der Sicherheit durch einen Vergleich zwischen lokaler Beanspruchung und Beanspruchbarkeit ermittelt wird, wobei sich die Ermittlung von Beanspruchung und Beanspruchbarkeit in allen Methoden voneinander unterscheidet. Die ermittelte lokale Anstrengung *A* oder Sicherheit *S* bezieht sich dabei immer auf eine Dauerfestigkeitsabschätzung, da die Beanspruchbarkeit durch Festigkeitswerte an Standardproben abgebildet wird. Eine Methode zur Lebensdauerbetrachtung, welche die Phasen der Rissinitiierung und –ausbreitung berechnet und Lastspielzahlen bis zum Schaden für verschiedene Lasthorizonte abschätzt, existiert für die Zahnflankenbruchtragfähigkeit nicht.

Beanspruchung

Die Beanspruchung eines diskreten Volumenelementes während eines Zahneingriffs kann durch einen mehrachsigen, zeitlich veränderlichen Spannungstensor beschrieben werden, vgl. Kapitel 2.1.2. Die Berechnung der zeitvariablen Spannungstensoren kann hierbei entweder analytisch oder numerisch erfolgen. Die analytische Berechnung der Spannungen infolge des HERTZ'schen Kontaktes erfolgt in der Regel auf Basis der Halbraumtheorie mit Hilfe der AIRY'schen Spannungsfunktionen [AIRY62]. Die analytische Berechnung der Sekundärbeanspruchung kann durch einen elastischen Biegebalken oder einen elastischen Keil erfolgen. Hierbei wird der Zahn in Zahnbreitenrichtung in mehrere Scheiben unterteilt und es werden die Spannungen an jedem Segment in Abhängigkeit der Wälzposition einzeln berechnet [LINK10]. Zwischensteifigkeiten werden in der Berechnung abgeschätzt oder nicht berücksichtigt. Die numerische Berechnung erfolgt in der Regel FE-basiert unter Annahme linear-elastischen Materialverhaltens und quasi-statischen Abwälzens. Durch Abwälzen über mehrere Eingriffsteilungen werden die Spannungen aus dem HERTZ'schen Kontakt, sowie infolge Biegung und Stauchung berücksichtigt.

OCTRUE ET AL., WICKBORN, WITZIG und BAUER berechnen die Spannungen infolge der HERTZ'schen Kontaktabplattung analytisch mit den AIRY'schen Spannungsfunktionen im elastischen Halbraum [AIRY62, WITZ12, BAUE17, WICK17, OCTR18]. Unter der Pressungsellipse bilden sich Druckspannungen in alle Raumrichtungen aus. An den Rändern des druckbeanspruchten Volumens entstehen Zugspannungen, die mit den AIRY'schen Spannungsfunktionen nicht abgebildet werden können und insbesondere in hohen Werkstofftiefen schädigungsrelevant sein können [LÖPE15]. Die Zug- und Schubspannungen infolge Zahnbiegung und Querschub werden von OCTRUE ET AL. vernachlässigt [OCTR18]. WITZIG und WICKBORN berechnen die Sekundärbeanspruchung mit Hilfe der Theorie des elastischen Biegebalkens [WITZ12, WICK17]. Dadurch werden Wechselwirkungen zwischen den Scheiben vernachlässigt oder angenähert, was insbesondere bei breiten Stirnrädern und hohen Schrägungswinkeln β zu Abweichungen in den berechneten Spannungen führen kann [KONO18]. Die Spannungen in höheren Werkstofftiefen sind im Vergleich zur Oberfläche gering und der Einfluss von Berechnungsungenauigkeiten hat einen größeren Einfluss auf die berechnete Beanspruchung und Anstrengung. Aus diesem Grund weisen analytische Berechnungsmodelle zur Berechnung der Zahnflankenbruchtragfähigkeit Nachteile in der Beanspruchungsberechnung auf.

WEBER erweitert sein Berechnungsmodell auf Basis der erkannten Defizite im analytischen Berechnungsmodell nach WITZIG. Dazu modifiziert WEBER den analytischen Ansatz zur Spannungsberechnung im Halbraum um einen Faktor zur Berücksichtigung von Zugspannungen an den Rändern des Druckspannungsbereiches, welchen er in einer Variationsrechnung ermittelt. Außerdem führt er die Sekundärbeanspruchungsberechnung auf Basis der Theorie elastischer Keile anstelle des elastischen Biegebalkens durch, da die Zahnform im Stirnschnitt besser durch einen Keil als einen Biegebalken angenähert werden kann [WEBE15]. WEBERS Ansatz zur Berechnung der Sekundärbeanspruchung basiert ebenfalls auf einem analytischen Scheibenmodell mit unzureichender Berücksichtigung der Wechselwirkung zwischen den diskretisierten Keilen, wodurch es zu Ungenauigkeiten in der Spannungsberechnung kommt [WEBE15].

PATEL ET AL., KONOWALCZYK, MACKALDENER und MEIS berechnen die Spannungstensor Zeitverläufe numerisch mit kommerzieller FE-Software [MACK01b, AL16c, KONO18, MEIS19]. Durch die Verwendung numerischer Berechnungsverfahren ist die Abbildungsgüte bei der Spannungsberechnung am größten und es werden Primär- und Sekundärbeanspruchung berücksichtigt. Jedoch steigt der Berechnungsaufwand im Vergleich zu analytischen Ansätzen.

Zur Überführung des Spannungstensors in eine eindimensionale, zeitlich konstante Vergleichsspannung, die mit der lokalen Beanspruchbarkeit vergleichbar ist, existieren unterschiedliche Vergleichsspannungshypothesen, vgl. Kapitel 2.1.2. OCTRUE ET AL. berechnen die lokale Vergleichsspannung zu diskreten Zeitpunkten während des Wälzvorgangs nach der Schubspannungshypothese nach DANGVAN [DANG89, OCTR18]. Sie verwenden den maximalen Vergleichsspannungsbetrag jedes Elementes als Kenngröße zur Bewertung der lokalen Beanspruchung, wobei lediglich die aus der HERTZ'schen Kontaktpressung resultierenden Beanspruchungen berücksichtigt werden [OCTR18]. WEBER, MEIS, MACKALDENER und PATEL ET AL. wenden Vergleichsspannungshypothesen aus dem Bereich der Kritischen-Ebene-Vergleichsspannung an [MACK01b, WEBE15, AL16c, MEIS19]. Dazu werden die Schub- und Normalspannungsamplituden und -mittelwerte in mehreren Schnittebenen für jedes Volumenelement berechnet und mit experimentell ermittelten oder berechneten Festigkeitskennwerten verglichen. WITZIG, WICKBORN und KONOWALCZYK greifen auf das Konzept einer integralen Vergleichsspannungshypothese zurück und verwenden eine modifizierte Form der Schubspannungsintensitätshypothese nach SIMBÜRGER [SIMB75] zur Ermittlung einer Vergleichsausschlags- sowie einer Vergleichsmittelspannung [WITZ12, WICK17, KONO18]. Die Berechnung erfolgt durch Integration der Schubspannungsamplituden und –mittelwerte in mehreren Schnittebenen über eine Einheitskugel. Die Vergleichsspannungsberechnung wird ebenfalls für jedes Volumenelement durchgeführt.

Beanspruchbarkeit

Die Beanspruchbarkeit kann anhand von empirischen Werkstoffkennwerten [WITZ12], von Festigkeitskennwerten aus Standardversuchen [MACK01b, AL16b, OCTR18, MEIS19] oder mit Hilfe des Fehlstellenmodells nach MURAKAMI [MURA19] ermittelt werden [WEBE15, WICK17, KONO18, MEIS19]. Das Fehlstellenmodell nach MURAKAMI bewertet die lokale Wechselfestigkeit σ_W an Materialinhomogenitäten (nichtmetallische Einschlüsse, Leerstellen, Karbide, Graphiteinschlüsse etc.) durch die Fläche der Fehlstelle *A* in der Draufsicht auf die Bruchfläche, sowie der lokalen Vickers Härte *HV* der umgebenden Matrix [MURA19]. MURAKAMI leitet auf Basis einer umfangreichen Versuchsreihe empirische Formeln zur Berechnung der Wechselfestigkeit σ_W in Abhängigkeit der Fehlstellenposition (Oberflächliche Fehlstelle, oberflächentangierende Fehlstelle, Fehlstelle unterhalb der Oberfläche) ab [MURA19]. Der MURAKAMI Parameter zur Bewertung der Fehlstellengröße $\sqrt{area}$ wird in Abhängigkeit der Fehlstellengestalt nach **Formel 2.26** bestimmt, wobei a und b den maximalen Abmessungen der Hüllkurve entsprechen und $b \leq a$ gilt [MURA19].

$$\sqrt{area} = \sqrt{A} \qquad \text{mit } A = a \cdot b \cdot \pi \qquad \text{wenn } \frac{a}{b} \leq 10 \qquad \text{sonst } A = \sqrt{10} \cdot b \tag{2.26}$$

WITZIG postuliert einen linearen Zusammenhang zwischen der lokalen Härte *HV* und der Schubfestigkeit τ_{zul} mit dem Kalibrierungsfaktor $K_{\tau zul}$ = 0,4 für einsatzgehärtete Zahnräder [WITZ12]. OCTRUE ET AL. wählen den Kalibrierungsfaktor zwischen Härte *HV* und Schubfestigkeit τ_{zul} auf Basis von Empfehlungen nach TOBIE zu $K_{\tau zul}$ = 1,0 [TOBI02, OCTR18]. MACKALDENER greift zur Ermittlung der kritischen Schnittebenenspannung σ_{crit} und der Schubfestigkeitsempfindlichkeit a_{cp} nach FINDLEY auf Ergebnisse von Standardversuchen zurück [FIND59, MACK01b]. Dazu ermittelt MACKALDENER die Zug/Druck-Schwellfestigkeit σ_{Sch} und die Torsionsschwellfestigkeit τ_{Sch} experimentell im ungehärteten und gehärteten Zustand an Standardproben. Die Festigkeit im Übergang zwischen Randhärte und Kernhärte wird über ein Polynom dritten Grades angenähert, welches MACKALDENER ebenfalls zur Berechnung der lokalen Härte *HV* anwendet [MACK01a]. Insofern die Proben der Standardversuche der Materialcharge des späteren Zahnrades entsprechen, werden Fehlstellen in der Festigkeitsbetrachtung berücksichtigt, da der Rissausgang beim Standardversuch immer an der schwächsten Gefügestelle im getesteten Volumen liegt. PATEL ET AL. übernehmen in ihrem Ansatz die Vorgehensweise von MACKALDENER [MACK01b, AL16c, OCTR18].

WEBER überträgt anhand von innenliegenden Brüchen an Umlaufbiegeversuchen den Einfluss von Fehlstellen auf die Zahnflankenbruchtragfähigkeit und validiert die Festigkeitsberechnung nach MURAKAMI für innenliegende Fehlstellen, **Formel (2.27)** [WEBE15, MURA19]. Das Fehlstellenmodell nach MURAKAMI berücksichtigt neben der lokalen Härte auch den Einfluss der Fehlstellengröße $\sqrt{area}$ und der Mittelspannungsempfindlichkeit *M* und eignet sich nach aktuellem Stand der Forschung am besten zur Abschätzung der lokalen Beanspruchbarkeit an Fehlstellen im Gefügeinneren insofern keine Festigkeitskennwerte aus Wechsel- und Schwingfestigkeitsversuchen nach DIN 50100 vorliegen [MURA19, DIN21]. Abweichend von MURAKAMI wählt WEBER zur Berücksichtigung des Einflusses der Mittelspannungsempfindlichkeit *M* die Vorgehensweise nach FKM-Richtlinie, da sie im Vergleich mit den experimentellen Ergebnissen zu einer konservativeren Abschätzung kommt, vgl. **Formeln (2.28)** und **(2.29)** [FKM03].

$$\sigma_W = 1{,}56 \cdot \frac{(HV+120)}{(\sqrt{area})^{\frac{1}{6}}} \cdot K_m \tag{2.27}$$

$$K_m = \begin{cases} \frac{1}{1-M} & für: \quad R > 1 \\ \frac{1}{1+M\cdot\frac{\sigma_{Y\varphi,m}}{\sigma_{Y\varphi,a}}} & für: \quad -\infty \leq R \leq 0 \\ \frac{(1+\frac{M}{3})/(1+M)}{(1+\frac{M}{3}\cdot\frac{\sigma_{Y\varphi,m}}{\sigma_{Y\varphi,a}})} & für: \quad 0 < R \leq 0{,}5 \\ \frac{(3+M)}{3\cdot(1+M)^2} & für: \quad 0{,}5 < R \leq 1 \end{cases} \tag{2.28}$$

$$M = R_m \cdot 0{,}00035 - 0{,}1 \qquad \text{mit: } R_m = 3{,}3 \cdot HV \tag{2.29}$$

KONOWALCZYK, MEIS und WICKBORN greifen ebenfalls auf die Festigkeitsberechnung nach MURAKAMI zurück [WICK17, KONO18, MEIS19, MURA19]. Zur Bestimmung der Fehlstellenverteilung analysiert KONOWALCZYK die Bruchflächen und misst die Größe der bruchauslösenden Fehlstelle im Rasterelektronenmikroskop (REM) [KONO18]. Das Vorgehen geht auf die Arbeiten von HENSER zur fehlstellenbasierten Berechnung der Zahnfußtragfähigkeit zurück [HENS15]. KONOWALCZYK wählt zur Berücksichtigung der Mittelspannungsempfindlichkeit M ebenfalls den Ansatz nach FKM-Richtlinie, vgl. Formeln (2.28) und (2.29) [FKM03]. MEIS leitet die Fehlstellenverteilung aus Umlaufbiegeversuchen mit verfestigungsgestrahlten Prüfkörpern ab [MEIS19]. Auf diese Weise wird ein suboberflächeninduzierter Riss provoziert, dessen bruchauslösende Fehlstelle mikroskopisch analysiert werden kann. KONOWALCZYK und MEIS verteilen auf Basis der ermittelten Fehlstellengrößen-Wahrscheinlichkeitsverteilung, sowie der Fehlstellendichte randomisiert Fehlstellen im berechneten Zahnvolumen mit Hilfe eines Monte-Carlo Algorithmus [KONO18, MEIS19].

WICKBORN ermittelt die Fehlstellenverteilung an Schliffbildern in Anlehnung an die Methodik zur Schliffbildauswertung nach MURAKAMI [WICK17, MURA19]. Aus der ermittelten Fehlstellenverteilung wird die größte zu erwartende Fehlstelle für das berechnete Zahnrad über eine Extremwertabschätzung ermittelt. Die Berücksichtigung der maximalen Fehlstellengröße erfolgt über die Einführung des Defektfaktors K_{Defekt} in der Berechnung nach ISO 6336-4 nach **Formeln (2.30)** und **(2.31)**. Dazu wird der Wert des größten zu erwartenden Einschlusses der Größe eines Referenzeinschlusses $\sqrt{area_{K0}}$ gegenübergestellt [WICK17].

$$K_{Defekt} = \frac{\frac{HV+120}{(\sqrt{area})^{1/6}} \cdot \left(\frac{1-R}{2}\right)^{\alpha_M}}{\frac{HV_{2CHD550}+120}{(\sqrt{area_{K0}})^{1/6}} \cdot \left(\frac{1}{2}\right)^{\alpha_M}} \qquad \text{mit:} \sqrt{area_{K0}} = 10\ \mu m \tag{2.30}$$

$$\alpha_M = 0{,}226 + HV \cdot 10^{-4} \tag{2.31}$$

2.3 Abbildung der Beanspruchungszustände in Analogieversuchen

Reproduction of the Stress State in Analogy Tests

Eine Herausforderung bei der Untersuchung von Zahnradschäden stellen die unterschiedlichen Beanspruchungsmechanismen und die damit verbundene Vielzahl der zahnradtypischen Schadensarten dar. In Abhängigkeit von Einflussgrößen, wie zum Beispiel der Verzahnungsgeometrie, der Oberflächenbeschaffenheit, der Schmierstoffwahl und dem Belastungszustand, ändern sich die Auftretenswahrscheinlichkeiten der einzelnen Schadensarten. Somit können nicht alle Schadensarten mit einer einzelnen Zahnradgeometrie im Laufversuch analysiert werden, da eine Verzahnung in Abhängigkeit ihrer Auslegung mit einer kritischen Schadensart ausfällt. Aus diesem Grund werden zur Untersuchung von Einflüssen auf die Entstehung von Zahnradschäden Analogieversuche verwendet. Im Gegensatz zum Laufversuch, der als Modellversuch der realen Anwendung am nächsten kommt, können die Schadensarten im Analogieversuch separiert analysiert werden. Zusätzlich zeichnet sich der Analogieversuch durch eine wirtschaftlichere Umsetzung im Vergleich zum Laufversuch aus [KLOC17]. Der Analogieversuch ist hierbei von der zu untersuchenden Schadensart abhängig, **Bild 2.5**.

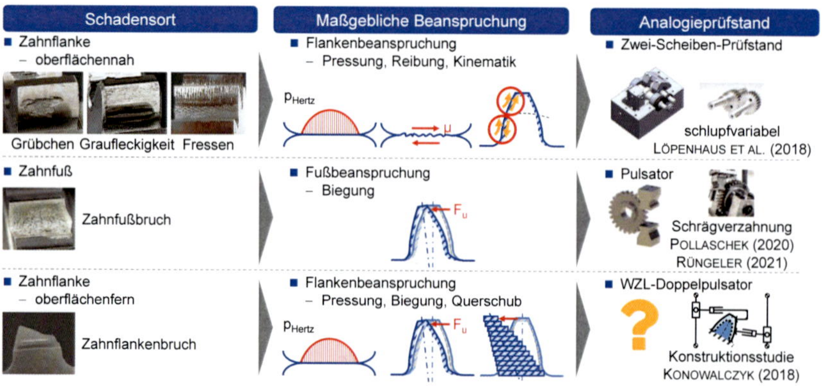

Bild 2.5: Schadensarten, maßgebliche Beanspruchung und Analogieprüfstand

Die Zahnflankenschäden Grübchen, Grauflecken und Fressen können mit Hilfe des Zwei-Scheiben-Prüfstands untersucht werden [KLOC17]. Die Vorteile bei der Verwendung des Analogieversuchs sind die entkoppelte Untersuchung der Zahnflankentragfähigkeit ohne Einflüsse aus der Zahnfuß- und Zahnflankenbruchtragfähigkeit, sowie die lokale Abbildbarkeit unterschiedlicher Kontaktbedingungen. Im Zwei-Scheiben-Prüfstand wird eine konstante Belastung hydraulisch aufgeprägt. Über den Außendurchmesser d_a und die Breitenballigkeiten C_β der Prüfscheiben können beliebige Kontaktpressungen eingestellt werden. In der Regel wird die Breitenballigkeit C_β auf einer Scheibe aufgeprägt. Der Schlupf *s* wird über ein Referenzgetriebe eingestellt, welches zwischen den Prüfscheiben und dem Antriebsmotor sitzt, Bild 2.5 oben rechts. Die Korrelation der Dauerfestigkeit zwischen Zahnflankenkontakt und Zwei-Scheiben-Kontakt konnte bei gleichen Kontaktbedingungen durch GOHRITZ und HURASKY-SCHÖNWERTH nachgewiesen werden [GOHR82, HURA04]. Die Abbildung des schlupfvariablen Zahnflankenkontaktes auf der Prüfscheibe kann durch Verwendung von Unrund-Zahnrädern im Übertragungsgetriebe realisiert werden [LÖPE18].

Die Zahnfußtragfähigkeit wird auf Pulsatoren zeit- und kosteneffizient und von anderen Schadensarten losgelöst untersucht. Die Untersuchung erfolgt durch Einspannung eines Zahnrades zwischen zwei Pulsatorbacken und einer alternierenden Kraftbeaufschlagung [KLOC17]. Auf diese Weise wird die für den Zahnfußbruch maßgebliche Biegebeanspruchung an der 30°-Tangente aufgebracht, Bild 2.5 rechts mittig. Die Belastung erfolgt in der Regel als Sinussignal, welches zwischen Klemmkraft und Maximalkraft schwingt. Die Prüffrequenz f beträgt in Abhängigkeit des verwendeten Pulsatorkonzeptes (Resonanzerregt mittels Unwuchtmotor, magnetisch resonanzerregt, hydraulisch etc.) zwischen 20 Hz und 200 Hz. Neben der Untersuchung von Geradverzahnungen zeigen RÜNGELER und POLLASCHEK eine Anpassung des Pulsatorversuches zur Untersuchung von Schrägverzahnungen auf [POLL20, RÜNG21]. Dazu wird eine Normalschnittaufnahme verwendet, mit der Schrägverzahnungen im Pulsatorversuch aufgenommen werden können. Auf Basis einer Beanspruchungsanalyse zeigen RÜNGELER und POLLASCHEK eine Auswertemethodik zur Übertragung auf den Laufversuch [POLL20, RÜNG21].

Ein Analogieversuch zur Untersuchung der Zahnflankenbruchtragfähigkeit, analog dem Zwei-Scheiben-Versuch und dem Pulsatorversuch, existiert derzeit nicht. Grund hierfür ist die Kombination der maßgebenden Beanspruchungskenngrößen HERTZ'sche Pressung, Zahnbiegung und Querschub, welche in den existierenden Analogiekonzepten nicht gemeinsam aufgebracht werden können. Da Zahnflankenbrüche insbesondere an Großverzahnungen auftreten, welche bei der Verwendung des Zwei-Wellen-Verspannungsprüfstands nach DIN ISO 14635 nicht wirtschaftlich untersucht werden können, besteht ein großes Potenzial zur Untersuchung dieser Schadensart im Analogieversuch [DIN07].

KONOWALCZYK zeigt anhand einer großmoduligen Geradverzahnung aus dem Forschungsumfeld, dass die Spannungstensor-Zeitverläufe im zahnflankenbruchkritischen Bereich durch einen Pulsator mit zwei Aktuatoren angenähert werden können. Dazu wird ein Analogiekonzept entwickelt, bei dem ein Zahnsegment der Prüfverzahnung mittels Erodierverfahren herausgetrennt und im Prüfaufbau eingespannt wird, vgl. **Bild 2.6** [KONO18]. Die Abbildung der primären Beanspruchung wird durch einen Aktuator realisiert, welcher auf der Zahnflanke über dem erwarteten Rissausgangsort ortsfest positioniert wird. Zur Aufbringung der Sekundärbeanspruchung wird ein weiterer Aktuator im Bereich des Zahnkopfes ortsfest positioniert. Durch Verwendung von zwei Aktuatoren unterscheidet sich das neue Prüfstandskonzept grundlegend von Pulsatoren zur Untersuchung der Zahnfußtragfähigkeit. Die Ergebnisse der durchgeführten Kontaktsimulationen von Lauf- und Analogieversuch zeigen die grundsätzliche Eignung des Prüfstandkonzeptes zur Untersuchung von Zahnflankenbrüchen im Analogieversuch. Insbesondere die maximalen Drucknormalspannungen in radialer und axialer Richtung (Bild 2.6: σ_{rad}, σ_{ax}) infolge der HERTZ'schen Kontaktabplattung können durch den primären Aktuator genau abgebildet werden. Die Zugnormalspannung in tangentialer Richtung kann durch eine zeitversetzte Aufbringung der Kraft am Sekundäraktuator ebenfalls genau abgebildet werden (Bild 2.6: $\sigma_{tan} \geq 0$). Auf diese Weise kann die dem Wälzkontakt nachgelagerte Biegebeanspruchung infolge Zahnverformung abgebildet werden. Hingegen werden durch die entwickelte Methodik zur Ermittlung der erforderlichen Pulsatorkräfte lediglich die Maxima der Normalspannungen, nicht aber die Spannungsverläufe genau abgebildet. Weiterhin kann die Drucknormalspannung in tangentialer Richtung, sowie die Schubspannung in der radial/tangentialen Ebene nicht exakt abgebildet werden (Bild 2.6: $\sigma_{tan} < 0$, $\tau_{rad/tan}$). KONOWALCZYK schlägt vor, den Primäraktuator in zukünftigen Arbeiten bewusst oberhalb des erwarteten Rissausgangsortes zu positionieren, um die Abweichungen zu minimieren. Mit der gezeigten Vorgehensweise kann KONOWALCZYK eine Korrelation der Vergleichsspannung im zahnflankenbruchkritischen Volumen zwischen Analogie- und Laufversuch für einen Verzahnungsfall erzielen. [KONO18]

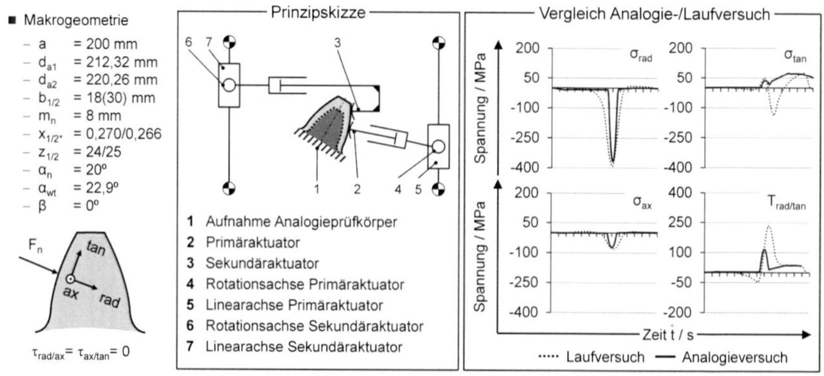

Bild 2.6: Konstruktionsstudie zum Analogieversuch Zahnflankenbruch [KONO18]

2.4 Fazit zum Stand der Technik

Conclusion of the State of the Art

Zahnflankenbrüche treten aufgrund der Optimierung der oberflächennahen Randzone vermehrt auf und begrenzen die Zahnflankentragfähigkeit moderner Leistungsgetriebe, insbesondere Großgetriebe. Im Stand der Technik wird die Komplexität der Beanspruchung, welche zu einem Zahnflankenbruch führt, aufgezeigt. Während klassische Ermüdungsschäden auf der Zahnflanke (Grübchen, Graufleckigkeit, Fressen) durch das tribologische System und Zahnfußbrüche durch Zahnbiegung beeinflusst werden, liegt beim Zahnflankenbruch eine Beanspruchungskombination aus HERTZ'schem Makrokontakt, Zahnbiegung und Querschub vor. Die Überführung des mehrachsigen, zeitlich veränderlichen Spannungszustandes in eine Vergleichsspannung wird in den existierenden Berechnungsansätzen mit unterschiedlichen Vergleichsspannungshypothesen gelöst. Die Vielzahl der verwendeten Hypothesen ist darauf zurückzuführen, dass der Einfluss von HERTZ'schem Kontakt, Zahnbiegung und Querschub auf die Zahnflankenbruchtragfähigkeit nicht ausreichend erforscht ist. Des Weiteren wird der Einfluss von Eigenspannungen auf den Beanspruchungszustand unterschiedlich bewertet. Zugeigenspannungen im Zahninneren werden entweder als vernachlässigbar klein angenommen, in die Mittelspannungsempfindlichkeit integriert und damit auf die Beanspruchbarkeitsseite überführt oder durch Modifikation der Vergleichsspannungshypothesen als Vergleichsmittelspannungen berücksichtigt. Als Resultat kommen die durchgeführten Variationsrechnungen mit den verschiedenen Berechnungsmethoden zu unterschiedlichen Einschätzungen hinsichtlich geometrischer Einflussgrößen auf die Zahnflankenbruchtragfähigkeit. Eine experimentelle Validierung ist aktuell nicht möglich, da es kein Verfahren zur isolierten, reproduzierbaren Erzeugung von Zahnflankenbrüchen gibt.

Zur Lösung des aufgezeigten Defizits bedarf es eines Analogieversuches, welcher in der Lage ist, die Beanspruchungsmechanismen abzubilden und Zahnflankenbrüche losgelöst von anderen Zahnflanken- und Zahnfußschäden reproduzierbar zu erzeugen. Des Weiteren sollte ein Analogieversuch zur Erzeugung von Zahnflankenbrüchen in der Lage sein, die Beanspruchungsmechanismen separiert aufzubringen, sodass deren Einfluss auf die Zahnflankenbruchtragfähigkeit quantifiziert werden kann. Auf diese Weise können passende Vergleichsspannungshypothesen ermittelt und gegebenenfalls modifiziert werden, mit dem Ziel, den Beanspruchungszustand der Zahnflanke in hoher Werkstofftiefe hinreichend genau abzubilden.

3 Zielsetzung und Vorgehensweise

Objective and Approach

Der Zahnflankenbruch ist ein Ermüdungsschaden, der auf eine Vielzahl geometrischer, betriebsbedingter und werkstofflicher Ursachen zurückzuführen ist. Das Spektrum der Einflussgrößen wird im Stand der Technik beleuchtet und es wird aufgezeigt, dass insbesondere bei der Beurteilung geometrischer Einflussgrößen unterschiedliche Schlussfolgerungen zum Einfluss auf die Zahnflankenbruchtragfähigkeit gezogen werden. Dies ist im Wesentlichen darauf zurückzuführen, dass der Einfluss des Beanspruchungszustandes auf die Zahnflankenbruchtragfähigkeit nicht hinreichend erforscht ist und es in der Folge eine Vielzahl an Vergleichsspannungshypothesen gibt, die in den existierenden Berechnungsansätzen Anwendung finden. Einen Analogieversuch, in dem Zahnflankenbrüche reproduzierbar erzeugt und die Beanspruchungsmechanismen gezielt separiert werden können, existiert derzeit nicht.

Das Ziel dieser Arbeit war die Überführung des zahnflankenbruchkritischen Beanspruchungszustandes vom Laufversuch auf einen Analogieversuch und der Aufbau eines Analogieprüfstandes zur Erzeugung von Zahnflankenbrüchen im Analogieversuch. Dadurch wird ein Prüfkonzept geliefert, welches die Grundlage zur Untersuchung der Zahnflankenbruchtragfähigkeit im Analogieversuch liefert. Das Prüfkonzept soll insbesondere für Großverzahnungen ausgelegt sein, da die Prüfung der Zahnflankenbruchtragfähigkeit mit zunehmender Baugröße erschwert wird. Die übergeordnete Forschungshypothese der Arbeit lautet:

Wird die Beanspruchung des Zahnvolumens, in dem eine Rissinitiierung im Laufversuch mit Zahnflankenbruch als Folge stattgefunden hat, abgebildet, so kann der Schaden auch an einem Zahnsegment des Zahnrades im Analogieversuch erzeugt werden.

Die wissenschaftliche Originalität liegt in der Separation der Beanspruchungsmechanismen, sodass die Einflüsse aus HERTZ'schem Kontakt und Zahnbiegung, Querschub und Stauchung gezielt voneinander separiert werden können. Die wirtschaftliche Originalität liegt in der Prüfung eines Zahnsegmentes anstelle eines gesamten Zahnrades. Dies erlaubt eine ökonomischere und ökologischere Prüfung, da ein geringerer Bedarf an Prüfbauteilen besteht und der Prüfaufbau im Vergleich zur Prüfung im elektrischen Verspannungsprüfstand kleiner und leistungsreduziert gestaltet werden kann. Zur Erreichung des Ziels werden drei Forschungshypothesen aufgestellt:

- Mit einer validierten Methode zur Berechnung der Zahnflankenbruchtragfähigkeit auf Basis lokaler Werkstoffanstrengungen kann die Anstrengung im Zahnvolumen beschrieben werden.
- Ein Pulsator mit zwei Aktuatoren ist in der Lage, den zahnflankenbruchkritischen Beanspruchungszustand in einem Teil des Zahnsegmentes abzubilden.
- Die experimentelle Prüfung von Zahnsegmenten im Analogieversuch ermöglicht eine reproduzierbare und von anderen Schadensarten losgelöste Erzeugung von Zahnflankenbrüchen

Vorgehensweise: In Kapitel 4 wird die Forschungsmethodik vorgestellt. Es erfolgt eine Erläuterung zur Modellvorstellung und eine Modellabgrenzung. Die Modellabgrenzung erfolgt insbesondere im Bereich der Beanspruchung (Lastkollektive, Beidflankige Belastung, Eigenspannungszustand etc.) und Beanspruchbarkeit (Fehlstellengröße, Grenzlastspielzahlabhängige Festigkeit), da der Fokus auf der Zahnflankenbruchdauerfestigkeit liegt. Anschließend werden die Prüf- und Messeinrichtungen vorgestellt. Außerdem erfolgt die Prüfkörpercharakterisierung. Abschließend werden die verwendeten Berechnungsprogramme erläutert.

In Kapitel 5 wird eine Methode zur Berechnung der Zahnflankenbruchtragfähigkeit entwickelt und validiert. Die Methode liefert die Grundlage zur Verifizierung der Forschungshypothese 1. Die entwickelte Methode ist ein FE-basierter, lokaler Berechnungsansatz, welcher neben der Tragfähigkeitsabschätzung in der Lage ist, zahnflankenbruchkritische Bereiche im Zahnvolumen zu identifizieren. Die Beschreibung der Tragfähigkeit über lokale Werkstoffanstrengungen ermöglicht eine Aussage über die Zahnflankenbruchgefahr in Abhängigkeit der Belastungsabfolge in Lauf- und Analogieversuch an jeder Position im Zahnvolumen. Die Methode wird in Kapitel 6 zur Ableitung zahnflankenbruchkritischer Belastungen im Analogieversuch verwendet.

Kapitel 6 fokussiert die Verifizierung der Forschungshypothese 2. Dazu wird im ersten Schritt eine Vorgehensweise zur Positionierung und Kraftbeaufschlagung der Pulsatoren erarbeitet, mit der ein definierter Punkt im Zahnvolumen eine äquivalente Beanspruchung wie im Laufversuch erfährt. Auf der Basis werden Anforderungen an den Analogieprüfstand abgeleitet und es erfolgt eine Prüfstandskonstruktion in Anlehnung an VDI 2221 [VDI93]. Der Analogieprüfstand wird anschließend in Betrieb genommen und es werden Dehnungsmessungen zur Validierung der FE-Berechnungen durchgeführt. Da es sich bei Versuchen zur Zahnflankenbruchtragfähigkeit um Langzeitversuche handelt, wird die Systemstabilität bei unterschiedlichen Prüffrequenzen und Prüflasten analysiert.

In Kapitel 7 wird die Versuchsgrundlage zur Beantwortung der Forschungshypothese 3 geschaffen. Dazu werden verschiedene Prüfkörper im Analogieprüfstand experimentell untersucht. Die experimentelle Untersuchung erfolgt bei verschiedenen Belastungen bis hin zur Prüfstandsgrenze. Die Schäden werden anschließend analysiert und diskutiert. Die experimentellen Belastungen im Analogieversuch werden in lokale Werkstoffanstrengungen umgerechnet, sodass eine Einordnung der Versuche in das Wöhlerdiagramm der Ergebnisse des Laufversuches von KONOWALCZYK ermöglicht wird [KONO18]. Ebenso wird das Analogiekonzept reflektiert und es werden Optimierungspotenziale aufgezeigt.

4 Forschungsmethodik

Research Methodology

Kapitel 4 umfasst die Erläuterung der Forschungsmethodik. Im ersten Schritt erfolgt die Modellvorstellung und –abgrenzung der Inhalte dieser Arbeit. Anschließend werden die verwendeten Prüf- und Messeinrichtungen vorgestellt. Die Prüfkörpercharakterisierung umfasst die geometrische und metallographische Charakterisierung der verwendeten Zahnräder. Abschließend werden die verwendeten Berechnungsprogramme vorgestellt.

4.1 Modellvorstellung und -abgrenzung

Model Concept and Delimination

Die Beanspruchung im wälzenden Kontakt zwischen zwei Zahnflanken kann durch einen lokalen, mehrachsigen, zeitlich veränderlichen Spannungstensor beschrieben werden [PARK66]. Bei konstanter Belastung der Zahnflanken bzw. einem konstanten Drehmoment handelt es sich um eine wiederkehrende, lokale Beanspruchungsfolge [LIU91]. Der Grundgedanke dieser Arbeit ist, dass die Beanspruchung einer Zahnradpaarung unter konstanter, zyklischer Belastung anhand von lokalen Beanspruchungskennwerten beschrieben werden kann, wobei jede Position durch einen Einzahlkennwert beschrieben wird. Die Beanspruchung führt im Bereich hoher Lastspielzahlen zu einem Schaden, insofern die lokale Dauerfestigkeit des Materials überschritten wird. Das Materialverhalten wird über der gesamten Lebensdauer als linear-elastisch angenommen. Der Einfluss plastischer Deformationen (z.B. Einlaufeffekte, Materialfließen etc.) auf die lokale Beanspruchung wird nicht berücksichtigt. Damit beschränkt sich das Vorhersagemodell auf die Abschätzung einer Zahnraddauerfestigkeit hinsichtlich Zahnflankenbruch unter konstanten Betriebsbedingungen. Lastkollektive, kurzzeitige Überlasten und dynamische Einflüsse auf die Belastung werden in der Arbeit nicht betrachtet. Ebenso wird der Einfluss einer beidflankigen Belastung bzw. einer Wechsellast (z.B. Zwischenrad in Umlaufrädergetrieben, Schub-/Rekuperationsbetrieb) in dieser Arbeit nicht untersucht.

Zur Ermittlung der lokalen Spannungstensoren bei linear-elastischem Materialverhalten wird die Finite Elemente Methode (FEM) eingesetzt. Die Erkenntnisse im Stand der Technik haben einen untergeordneten Einfluss von Temperatur, Schlupf und Mikrokontakt auf die Entstehung von Zahnflankenbrüchen gezeigt [WITZ12]. Aus diesem Grund beschränkt sich die Berechnung der Spannungstensoren in dieser Arbeit auf den schlupffreien Makrokontakt der Zahnflanken. Die Auswertung der Spannungstensoren erfolgt grundsätzlich ab einer härtetiefenabhängigen Tiefe von $t \geq 1 \cdot CHD_{550}$. Diese Annahme ist auf Basis der Forschungsergebnisse zum Rissausgangsort bei Zahnflankenbrüchen valide [MÜLL19, BROE22]. Ungenauigkeiten in der Spannungsauswertung aufgrund von Steifigkeitsschwankungen in der Kontaktzone sind bei Auswertung höherer Werkstofftiefen vernachlässigbar klein. Analytische Berechnungsansätze auf Basis der Halbraumtheorie (AIRY'sche Spannungsfunktionen) werden nicht verwendet, da vergangene Forschungsarbeiten eine Abweichung der Spannungswerte in höherer Werkstofftiefe gezeigt haben [AIRY62, LÖPE15, WEBE15].

Eigenspannungen haben einen signifikanten Einfluss auf die Zahnflankenbruchtragfähigkeit und müssen im Vorhersagemodell berücksichtigt werden. Insbesondere Zugeigenspannungen unterhalb der Randhärteschicht müssen hinreichend genau vorhergesagt werden, da sie zu einer Reduktion der Zahnflankenbruchtragfähigkeit führen. In dieser Arbeit werden die Eigenspannungen erster Art nach MACHERAUCH ET AL. betrachtet [MACH73]. Der Eigenspannungszustand kann über die Normalspannungen in den drei Raumrichtungen des kartesischen Koordinatensystems interpretiert werden. Die Eigenspannungen in tangentialer Richtung (Profilrichtung) und axialer Richtung (Zahnbreitenrichtung) werden vereinfachend als identisch angenommen. Dies deckt sich mit vorangegangen Arbeiten und Eigenspannungsmessungen einsatzgehärteter Zahnräder [BROE22]. Die Eigenspannung in radialer Richtung (Zahndickenrichtung) wird als vernachlässigbar klein angenommen. Dies deckt sich ebenfalls mit den Erkenntnissen aus dem Stand der Technik [BROE22]. Es wird über der gesamten Betriebsdauer ein konstanter Eigenspannungszustand in höherer Werkstofftiefe angenommen, welcher dem mechanischen Spannungszustand superponiert wird. Zur Berücksichtigung der Materialrelaxation infolge des Materialabtrages bei röntgendiffraktometrischen Eigenspannungsmessungen werden die Eigenspannungen mit dem Ansatz nach MOORE/EVANS korrigiert [MOOR58].

Die Beanspruchbarkeit wird durch Festigkeitskennwerte aus einachsigen Schwingfestigkeitsversuchen abgebildet. Dabei spielt die Zug-Druck-Wechselfestigkeit σ_W eine zentrale Rolle, da sie auf Basis der Fehlstellengröße und der lokalen Härte *HV1* mit dem empirischen Ansatz nach MURAKAMI berechnet wird [MURA19]. Alle weiteren Festigkeitskennwerte hängen von der Zug-Druck-Wechselfestigkeit σ_W ab, da sie über Umrechnungsformeln aus dem Stand der Technik abgeleitet werden. Das Modell von MURAKAMI besitzt für Fehlstellengrößen $\sqrt{area} \leq 1000$ µm Gültigkeit [MURA19]. Es ist bekannt, dass Zahnräder mit großen Bauteilabmessungen nichtmetallische Einschlüsse enthalten können, deren Fehlstellengrößen den MURAKAMI Parameter $\sqrt{area} = 1000$ µm übersteigen, insbesondere bei einer Bildung von Einschlussclustern. Ob die lokale Festigkeit an Fehlstellen mit einem MURAKAMI Parameter $\sqrt{area} > 1000$ µm weiter abnimmt und mit der Berechnung von MURAKAMI abgeschätzt werden kann, ist aktuell nicht erforscht [MURA19]. In dieser Arbeit wird angenommen, dass das Modell von MURAKAMI über seine Gültigkeitsgrenze hinaus anwendbar ist [MURA19]. Des Weiteren basieren die berechneten Festigkeitskennwerte nach MURAKAMI in Anlehnung an die standardisierte Ermittlung von Festigkeiten nach DIN 50100 auf einer Grenzlastspielzahl von $N_G = 1 \cdot 10^7$ Lastspielen und liegen damit unterhalb der für den Zahnflankenbruch relevanten Bruchlastspielzahl [MURA19, DIN21]. MURAKAMI zeigt an Zug-Druck-Schwingfestigkeitsversuchen mit einem nitrierten Vergütungsstahl auf, dass die mit dem $\sqrt{area}$ Ansatz ermittelte Festigkeit bei einer Grenzlastspielzahl von $N_G = 1 \cdot 10^8$ Lastspielen mit einer Abweichung von 10 % zur nichtkonservativen Seite abgeschätzt wird [MURA19]. Die Annahme kann nicht unmittelbar auf die in dieser Arbeit betrachteten einsatzgehärteten Einsatzstähle übertragen werden und es muss von einer Unschärfe in der Abschätzung der Zahnflankenbruchtragfähigkeit aufgrund der unterschiedlichen Grenzlastspielzahlen ausgegangen werden.

Der Grundgedanke der Forschungsmethodik ist, dass ein Zahnflankenbruch in einem Analogieversuch erzeugt werden kann, wenn die Beanspruchungsabfolge aus dem Zahnflankenkontakt korrekt abgebildet wird und die Materialeigenschaften zwischen Lauf- und Analogieversuch identisch sind. Die Umsetzung der Forschungsmethodik gliedert sich in drei Schritte. Im ersten Schritt wird ein Berechnungsmodell zur Zahnflankenbruchtragfähigkeit entwickelt und mit Hilfe von experimentellen Daten, sowie von Felddaten aus der industriellen Praxis validiert. Das Berechnungsmodell bildet die Basis zur Ableitung eines dem Zahnflankenkontakt schadensäquivalenten Beanspruchungsprofils, da es die Bewertung der Zahnflankenbruchtragfähigkeit für verschiedene Belastungssituationen ermöglicht. Im zweiten Schritt erfolgt die Ableitung eines zahnflankenbruchkritischen Belastungsprofils und die Entwicklung eines Analogieprüfstandes, welcher dieses Belastungsprofil applizieren kann. Im dritten Schritt werden Zahnsegmente aus einer Versuchscharge, mit der im Laufversuch reproduzierbar Zahnflankenbrüche erzeugt wurden, im Analogieversuch mit dem abgeleiteten Belastungsprofil auf Zahnflankenbruchtragfähigkeit untersucht.

4.2 Prüf- und Messeinrichtungen

Testing and Measurement Facilities

Die experimentellen Untersuchungen wurden auf dem WZL-Doppelpulsator durchgeführt. Die Entwicklung, Konstruktion und Inbetriebnahme dieses Prüfstandes ist Teil der vorliegenden Arbeit, Kapitel 4.2.1. Eine detaillierte Prüfstandsbeschreibung erfolgt in Kapitel 6. Die Aufnahmen der ungeätzten Gefügeschliffe zur Ermittlung der Fehlstellenverteilung wurden mit einem Digitalmikroskop durchgeführt. Das Vorgehen wird in Kapitel 4.2.2 erläutert. Der Ausgleich von Fertigungs- und Montagetoleranzen erfolgte durch eine initiale Positionskalibrierung, welche mit einem taktilen Konturmessgerät und einer Digitalkamera durchgeführt wurde. Das Vorgehen wird in Kapitel 4.2.3 erläutert.

4.2.1 Analogieprüfstand „WZL-Doppelpulsator“

Analogy Test Rig “WZL-Double Pulsator”

Der WZL-Doppelpulsator wurde in dieser Arbeit entwickelt und erprobt. Dabei handelt es sich um einen hydraulischen Pulsatorprüfstand mit zwei Aktuatoren, die über ein zentrales Hydraulikaggregat versorgt werden und einzeln angesteuert werden können. Sämtliche Versuche wurden auf dem Analogieprüfstand durchgeführt. Eine detaillierte Beschreibung des Prüfkonzeptes, des Prüfaufbaus und der Inbetriebnahme ist Kapitel 6 zu entnehmen.

4.2.2 Ermittlung der Fehlstellenverteilung

Evaluation of Defect Distribution

Zur Ermittlung der Fehlstellenverteilung wurden ungeätzte Gefügeschliffe der Prüfverzahnungen präpariert. Es wurden Schliffbilder auf mehreren Durchmessern und in verschiedenen Schnittorientierungen der Prüfverzahnung angefertigt. Die Aufnahmen wurden mit dem Digitalmikroskop VHX-6000 der Firma KEYENCE durchgeführt. Je nach Größe des Gefügeschliffes wurden die Bilder als Stitching (zusammengesetzte Panoramaaufnahme aus Einzelbildern) mit einer 200x oder 300x Vergrößerung und einer Einzelbildanzahl von 120 bis 400 Bildern je Stitching aufgenommen. Die Pixel der Bildaufnahmen wurden in Abhängigkeit ihrer Farbe in Zahlenwerte konvertiert (Matrix: 0, Fehlstelle: 1), **Bild 4.1** oben mittig. Je nach Belichtung der Aufnahme wurde der Kontrastfaktor zur Unterscheidung zwischen schwarzen und grauen Pixeln angepasst. Anschließend wurden benachbarte Fehlstellenpixel zu Pixelclustern zusammengeführt. Ein Cluster von Pixeln entsprach einer Fehlstelle, Bild 4.1 oben rechts.

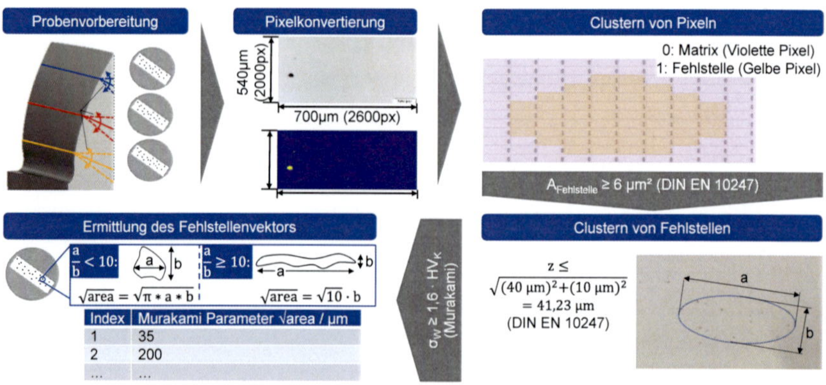

Bild 4.1: Ermittlung der Fehlstellenverteilung

Nach DIN EN 10247 werden nichtmetallische Einschlüsse mit einem Durchmesser $d \leq 3$ µm oder einer Breite $b \leq 2$ µm nicht als Einschlüsse interpretiert [DIN17]. Entsprechend wurden Fehlstellen mit einer Fläche $A < 6$ µm² nicht für die Auswertung berücksichtigt. Die verbleibenden Fehlstellen wurden hinsichtlich einer Bildung von Fehlstellenclustern ausgewertet. Nach DIN EN 10247 liegt ein Fehlstellencluster vor, wenn der Abstand zwischen zwei Fehlstellen in tangentialer Richtung des Schliffes den Wert $y = 40$ µm unterschreitet oder in radialer Richtung des Schliffes den Wert $x = 10$ µm unterschreitet [DIN17]. Die Entnahme der Proben aus dem Halbzeug ist nach DIN EN 10247 vorgeschrieben und entspricht nicht den Schnittorientierungen der untersuchten Schliffe, welche in verschiedenen Raumrichtungen vorlagen. Aus diesem Grund wurde die vereinfachte Annahme getroffen, dass Fehlstellen ein Cluster bilden, wenn eine Distanz zwischen zwei Fehlstellen von $z = 41{,}23$ µm unterschritten wird. Dies entspricht der Vektordistanz der beiden Abstände aus DIN EN 10247 (x = 10 µm, y = 40 µm), Bild 4.1 unten rechts. Die Annahme sollte in zukünftigen Arbeiten im Rahmen einer Sensitivitätsstudie überprüft werden, da es unter Umständen einen signifikanten Einfluss auf die Verteilungsfunktion haben kann. Um die Fehlstellencluster wurden Hüllkurven in Form von Ellipsen gelegt und zur Berechnung des $\sqrt{area}$ Parameters nach MURAKAMI (Formel 2.26) herangezogen [MURA19]. Für jede der ermittelten Fehlstellen und Fehlstellencluster wurde die Wechselfestigkeit σ_W nach Formel 2.27 berechnet, wobei als lokale Härte die Kernhärte HV_K angenommen wurde [MURA19]. Fehlstellen, deren Wechselfestigkeit σ_W die Matrixfestigkeit $\sigma_W = 1{,}6 \cdot HV_K$ nach MURAKAMI im Kern überschritten, wurden nicht berücksichtigt [MURA19]. Die Wurzel der gefilterten Fehlstellenflächen lieferte den Vektor mit den $\sqrt{area}$ Parametern nach MURAKAMI [MURA19]. Mit Hilfe des Fehlstellenvektors konnten die Analysen zur Ermittlung einer geeigneten Verteilungsfunktion, sowie zur Extremwertabschätzung mit den Verteilungsfunktionen durchgeführt werden, vgl. Kapitel 5.2.

4.2.3 Positions- und Winkelmessung im Analogieprüfstand

Position and Angle Measurement in the Analogy Test Rig

Die Positions- und Winkelmessung im Analogieprüfstand ist erforderlich, um eine korrekte Positionierung der Aktuatoren auf der Zahnflanke zu gewährleisten. Die Bestimmung der Aktuatorposition erfolgte über die Führungen, an denen die Aktuatoren befestigt waren. Das CAD-Modell, in dem die Positionen der Führungen für eine bestimmte Aktuatorposition bestimmt werden, weist keine Fertigungs- und Montagetoleranzen auf. Aus diesem Grund muss ein Abgleich zwischen Analogieprüfstand und CAD-Modell durch eine initiale Kalibrierung erfolgen. Die Kalibrierung wird in Kapitel 6.4 erläutert. Für die Messung von Position und Winkel wurden zwei unterschiedliche Messinstrumente eingesetzt. Für die Positionsmessung wurde eine Druckmessfolie der Firma FUJIFILM mit doppelseitigem Klebeband auf die Dummyflanke aufgeklebt. Der Prüfdummy war ein Stahlquader mit angeschrägten Flächen, siehe **Bild 4.2** oben links. Die Neigungswinkel entsprachen den späteren Normaleingriffswinkeln α_{yn} auf den Kontaktdurchmessern der Aktuatoren auf der Zahnflanke. Auf diese Weise konnte die Kalibrierung auf einer ebenen Fläche für jeden Aktuator individuell durchgeführt werden. Während die Druckmessfolie eine sehr glatte Oberfläche aufwies und sich unter Druck kaum verformte, konnte sich das Klebeband der Geometrie der profilballigen Aktuatorbacke anpassen und haftete gleichzeitig auf der Flanke des Dummys. Durch die Profilballigkeit der Aktuatorbacken entstand ein messbarer Tiefpunkt in der Druckmessfolie. Der Abstand zwischen der Oberkante des Dummys und dem Minimum der Verformung wurde anschließend taktil in Profilrichtung des Dummys gemessen. Dazu wurde das Konturmessgerät Hommel etamic nanoscan 855 der Firma JENOPTIK verwendet. Die Kraftbeaufschlagung erfolgte mit F = 7 kN und einer Haltedauer von t = 60 s. Vorversuche haben gezeigt, dass weniger Last oder eine kürzere Einwirkdauer zu einer zu geringen plastischen Verformung von Druckmessfolie und Klebeband führen. Der Winkel zwischen der Flanke des Dummys und des Aktuators wurde über ein fixiertes Kamerasystem oberhalb der Einspannung gemessen, siehe Bild 4.2 rechts. Dabei wurden Bilder aufgenommen und anschließend in eine leere Zeichnungsvorlage des CAD-Programms importiert. Anschließend konnte in der

Zeichnung der Winkel zwischen der Dummyflanke und der Mittelachse der Pulsatorbacke ausgelesen werden.

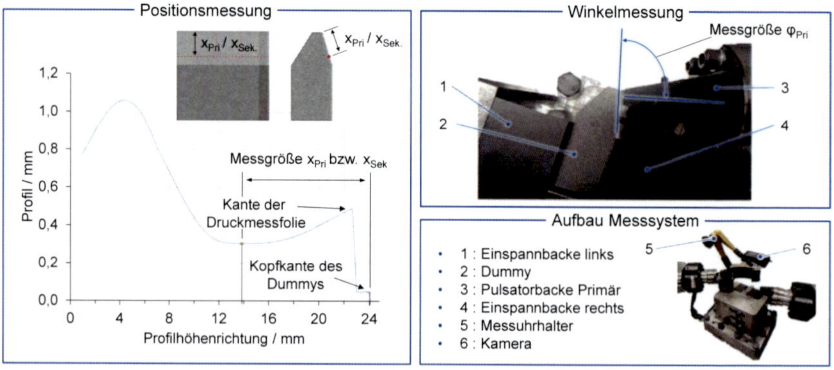

Bild 4.2: Messeinrichtung zur Positions- und Winkelmessung

4.3 Prüfkörper

Test Specimens

Die eingesetzten Prüfkörper wurden aus den Prüfverzahnungschargen der Forschungsvorhaben FVA 695 I „Abschliffbetragsabhängige Zahnflankentragfähigkeit" und FVA 822 I „ADI-Zahnrad" entnommen [KLOC18, BREC22]. Es wurden insgesamt vier unterschiedliche Varianten untersucht. Die Varianten „A1-Ritzel" und „A3-Ritzel" entsprachen Ritzeln der Prüfvarianten A1 und A3 des Forschungsvorhabens FVA 695 I bzw. der Versuchsreihe von KONOWALCZYK, vgl. **Bild 4.3** links [KLOC18, KONO18]. In den experimentellen Untersuchungen sind bei den beiden Varianten reproduzierbar Zahnflankenbrüche im Zwei-Wellen-Verspannungsprüfstand mit Achsabstand a = 200 mm aufgetreten [KONO18]. Die Variante „B1-Ritzel" wurde aus der Versuchsreihe des Forschungsvorhabens FVA 822 I entnommen und wies eine identische Geometrie zu den Varianten „A1-Ritzel" und „A3-Ritzel" auf, Bild 4.3 links [BREC22]. Hintergrund der Verwendung von ADI 900-8 als Werkstoff für die Prüfung waren die Graphiteinlagerungen im Gusseisen, welche analog zu nichtmetallischen Einschlüssen als Werkstoffdefekte interpretiert werden können. Ergebnisse aus dem Forschungsvorhaben FVA 822 I haben gezeigt, dass die Graphiteinlagerungen eine zentrale Rolle bei der Ausbildung des Rissnetzwerkes von Grübchenschäden spielen und suboberflächeninduzierte Rissbildung begünstigen [BREC22]. Bei der Variante „A13-Rad" handelte es sich um Gegenräder aus dem Forschungsvorhaben FVA 695 I, welche mit den Ritzeln der Varianten A1 und A3 gepaart wurden und in einigen Fällen ebenfalls über Zahnflankenbruch ausfielen, Bild 4.3 rechts [KLOC18]. Die Variante „A13-Rad" wurde einmal mit abgesetzter Zahnbreite (A13-Rad-$b_{abg.}$) und einmal ohne abgesetzte Zahnbreite (A13-Rad-$b_{nabg.}$) untersucht. Bei der Variante ohne abgesetzte Zahnbreite „A13-Rad-$b_{nabg.}$" wurde der abgesetzte Zahnfuß drahterosiv abgetrennt.

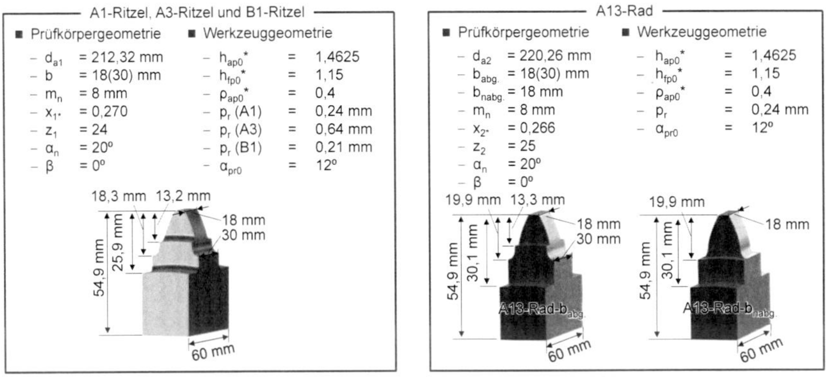

Bild 4.3: Geometrie der Prüfkörper

Die Varianten „A1-Ritzel", „A3-Ritzel" und „A13_Rad" wurden aus dem Einsatzstahl 18CrNiMo7-6 gefertigt. Durch eine Variation der Fräserprotuberanz p_r im Vorverzahnprozess bei gleicher Endkontur nach dem Schleifen wurden verschiedene Härtetiefenprofile generiert. Die Varianten „A1-Ritzel" und „A13_Rad" zeigen aufgrund der gleichen Fräserprotuberanz p_r im Vorverzahnprozess die gleichen Materialeigenschaften auf, **Bild 4.4** links. Die Randhärte beträgt HV_R = 660 HV1, die Kernhärte HV_K = 460 HV1 und die Einsatzhärtetiefe CHD_{550} = 0,99 mm. Die Eigenspannungen in tangentialer Richtung (Profilrichtung) und axialer Richtung (Zahnbreitenrichtung) sind an der Oberfläche aufgrund des Profilschleifprozesses ausgeprägte Druckeigenspannungen und im Bereich 50 µm ≤ t ≤ 500 µm einsatzhärtebedingt Druckeigenspannungen in der Größenordnung -300 MPa ≤ σ_{ES} ≤ -150 MPa. Die Variante „A3_Ritzel" weist aufgrund der höheren Fräserprotuberanz p_r im Vorverzahnprozess eine niedrigere Randhärte HV_R = 630 HV1, sowie eine niedrigere Einsatzhärtetiefe CHD_{550} = 0,69 mm auf, Bild 4.4 mittig. Ein Unterschied im Eigenspannungszustand im Vergleich zu den Varianten „A1-Ritzel" und „A13_Rad" ist nicht erkennbar. Die Abwesenheit von Zugeigenspannungen in der Randzone und eine durchgeführte Nitalätzprüfung ohne Auffälligkeiten deuten nicht auf eine prozessbedingte Schädigung hin. [KONO18]

Die Variante „B1-Ritzel" wurde aus ausferritischem Gusseisen gefertigt, auch bekannt als Austempered Ductile Iron (ADI), Bild 4.4 rechts. Die Untersuchung der Zahnflankenbruchtragfähigkeit von ADI ist interessant, da die im Guss befindlichen Graphiteinlagerungen als Fehlstellen (analog zu nichtmetallischen Einschlüssen in Einsatzstählen) interpretiert werden können. Die Rohlinge wurden als Sphäroguss abgegossen und anschließend in einem Zwischenstufenvergüten zu ADI 900-8 umgewandelt. Anschließend erfolgte das Drehen der Rohlinge auf Endkontur, sowie das Fertigverzahnen im Wälzfräsprozess. Es resultiert ein Gefüge mit ausferritischer (austenitisch-ferritischer) Matrix und eingelagerten Sphäroliten, sowie einer konstanten Härte HB = 315 (≈ 330 HV10). Die Dehngrenze beträgt $R_{p0,2\%}$ = 714 MPa und die Bruchdehnung A = 10,4 %. Die Eigenspannungen sind verfahrensbedingt niedriger als bei einsatzgehärteten Verzahnungen und liegen unterhalb der Oberfläche im Bereich -100 MPa ≤ σ_{ES} ≤ +30 MPa.

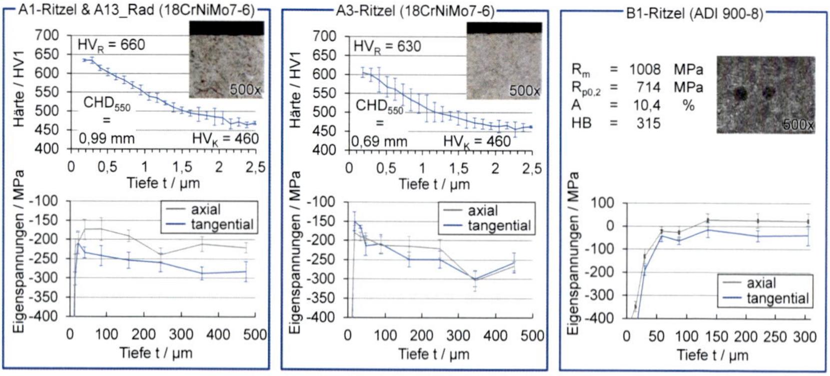

Bild 4.4: Materialeigenschaften der Prüfkörper [KONO18, BREC22]

In **Bild 4.5** ist die Prüfverzahnungsqualität der Chargen, aus denen die Prüfkörper entnommen wurden, dargestellt. Die geometrische Qualität wurde auf Koordinatenmesszentren der Firma KLINGELNBERG (P40 und P65) gemessen und nach ISO 1328 ausgewertet [DIN18]. Für die Chargen der Prüfkörpervarianten „A1-Ritzel", „A3-Ritzel" und „A13-Rad" liegt eine Qualität $IT \leq 5$ vor. Die Prüfkörpervariante „B1-Ritzel" weist eine schlechtere Qualität $IT \leq 7$ auf, da die Zahnräder im Wälzfräsprozess fertigverzahnt wurden und ein Schleifprozess entfiel.

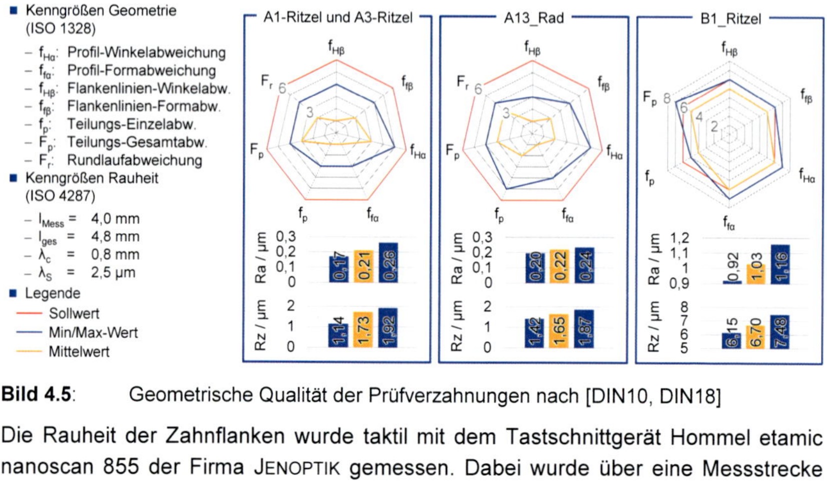

Bild 4.5: Geometrische Qualität der Prüfverzahnungen nach [DIN10, DIN18]

Die Rauheit der Zahnflanken wurde taktil mit dem Tastschnittgerät Hommel etamic nanoscan 855 der Firma JENOPTIK gemessen. Dabei wurde über eine Messstrecke l_{Mess} = 4,0 mm mit einem Profilfilter λ_c = 0,8 mm zur Filterung von Welligkeiten und einem Profilfilter λ_S = 2,5 µm zur Filterung des Messrauschens gemessen. Außerdem wurde die Form der Zahnflanke über ein Polynom dritten Grades entfernt. Die Rauheiten der Varianten „A1-Ritzel", „A3-Ritzel" und „A13_Rad" sind unter Berücksichtigung der Messungenauigkeit vergleichbar und liegen im Bereich 0,17 µm ≤ *Ra* ≤ 0,26 µm bzw. 1,14 µm ≤ *Rz* ≤ 1,92 µm. Die Variante „B1-Ritzel" weist aufgrund des fehlenden Verzahnungsschleifens eine erhöhte Zahnflankenrauheit von 0,92 µm ≤ *Ra* ≤ 1,16 µm bzw. 6,15 µm ≤ *Rz* ≤ 7,48 µm auf.

4.4 Berechnungsprogramme

Simulation Programs

Der simulative Teil der Arbeit wurde mit Hilfe von vier Programmen bearbeitet. Die Berechnung der Spannungstensoren erfolgte in der Zahnkontaktanalyse FE-STIRNRADKETTE, Kapitel 4.4.1. Zur Berechnung der Zahnflankenbruchtragfähigkeit wurde eine Methode im Programm MATLAB implementiert, Kapitel 4.4.2. Die Berechnung der Spannungstensoren im Analogieversuch, sowie die Spannungsberechnung der untersuchten Verzahnung im Laufversuch erfolgte mit dem kommerziellen FE-Berechnungsprogramm ABAQUS CAE, Kapitel 4.4.3. Die Prüfstandskonstruktion, die Spannungsberechnung kritischer Prüfstandskomponenten, sowie die Zeichnungsableitung erfolgten im CAD Programm SOLIDWORKS, Kapitel 4.4.4.

4.4.1 Zahnkontaktanalyse

Tooth Contact Analysis

Die FE-STIRNRADKETTE ist ein FE-basierter Ansatz zur Zahnkontaktanalyse, der auf Basis von Berührpunktkräften auf mehreren Berührlinien (bzw. Wälzstellungen) Verschiebungseinflusszahlen an jedem Knoten des FE-vernetzten Zahnsegmentes berechnet und damit in der Lage ist, lokale Spannungstensoren unter Annahme linear-elastischen Materialverhaltens zu berechnen. Für eine detaillierte Beschreibung des Berechnungsvorgehens wird auf die Arbeiten von INGELI verwiesen [INGE18]. Die FE-STIRNRADKETTE zeichnet sich im Vergleich zur Voll-FEM durch eine einfachere Bedienung aus, da das Programm auf die Berechnung von Stirnrädern spezialisiert ist. Außerdem kann die Rechenzeit signifikant reduziert werden, da die Verschiebungseinflusszahlen für eine Makrogeometrie einmalig berechnet werden und die Zahnkontaktanalyse für andere Drehmomentstufen ohne Neurechnung der Verschiebungseinflusszahlen durchgeführt werden kann. Des Weiteren ist das automatisierte Ansteuern der FE-Stirnradkette im Vergleich zu kommerziellen Berechnungsprogrammen einfacher.

4.4.2 Tragfähigkeitsberechnung

Load-Carrying Capacity Calculation

Die Berechnung der Zahnflankenbruchtragfähigkeit erfolgte in der Software MATLAB der Firma THE MATHWORKS INCORPORATED. Die Vorteile von MATLAB ergeben sich aus der Effizienz im Umgang mit großen Matrizen, der guten graphischen Darstellbarkeit großer Datenmengen und der Möglichkeit paralleler Berechnung einzelner Funktionen (z.B. Vergleichsspannungsberechnung an jeder Fehlstelle). Daher eignet sich die Software gut für eine fehlstellenbasierte Berechnungsmethode, in der die Fehlstellen randomisiert in einem FE-vernetzten Zahnvolumen verteilt sind, deren Spannungs- und Festigkeitskennwerte interpoliert werden, sowie die anschließende Tragfähigkeit für jede Fehlstelle individuell berechnet wird.

4.4.3 Finite Elemente Analyse
Finite Element Analysis

Die Berechnung der Spannungstensoren im Lauf- und Analogieversuch zur Ableitung des Pulsatorkraftprofils erfolgte in der Finite Elemente Berechnungssoftware ABAQUS CAE der Firma Dassault Systèmes. ABAQUS CAE ist ein kommerzielles, interaktives Programmpaket, welches die Modellerstellung, -berechnung und Ergebnisauswertung ermöglicht. Durch die Nutzung eines einheitlichen Programms für Lauf- und Analogieversuch konnte eine gleiche Vernetzung des Prüfkörpers realisiert werden. Die vernetzten Modelle von Lauf- und Analogieversuch sind in **Bild 4.6** dargestellt.

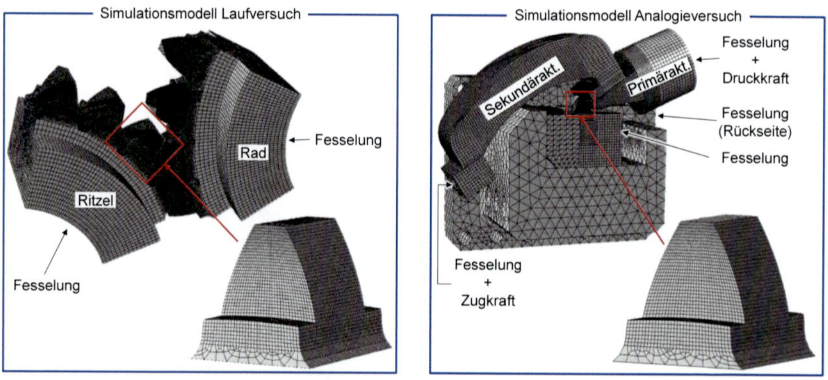

Bild 4.6: Simulationsmodelle von Lauf- und Analogieversuch in ABAQUS CAE

Im Auswertebereich des Prüfkörpers wurde ein Hexaedernetz verwendet. Umliegende Strukturen wurden je nach Komplexität und Größe mit einer gröberen Vernetzung hexaeder- oder tetraedervernetzt. Die Simulation erfolgte in ABAQUS IMPLICIT für verschiedene Wälzstellungen im Laufversuch und verschiedene Pulsatorkräfte im Analogieversuch, folglich lag eine quasi-statische Wälz- bzw. Pulsatorbelastung vor. Die Spannungsauswertung erfolgte an jedem Knoten im hexaedervernetzten Teil des Zahns, vgl. Bild 4.6 Detailausschnitte unten rechts. Die Fesselung erfolgte an der Bohrung der Radkörper im Laufversuch. Im Analogieversuch wurde an den Stellen, an denen der Aktuatorkolben angeflanscht wird, gefesselt. Außerdem wurden der Einspannbock an der Rückseite, sowie die rechte Einspannbacke an der Außenseite gefesselt.

4.4.4 Prüfstandskonstruktion und Festigkeitsnachweis
Test Rig Design and Strength Verfication

Die Prüfstandskonstruktion wurde im 3D-CAD Programm SOLIDWORKS der Firma Dassault Systèmes durchgeführt. Solidworks ermöglicht neben der Bauteil- und Baugruppenerstellung, sowie zugehöriger Zeichnungsableitung auch die FE-basierte Spannungsberechnung von Bauteilen und Baugruppen. Neben der Konstruktion und Zeichnungsableitung des Analogieprüfstandes wurde der Festigkeitsnachweis nach FKM-Richtlinie für die Bauteile des Prüfstandes mit den berechneten Spannungen aus SOLIDWORKS durchgeführt [FKM03]. Die Bauteile wurden dazu tetraedervernetzt, wobei in den Bereichen hoher Beanspruchung feiner vernetzt wurde. Die Berechnung erfolgte ebenfalls unter Annahme linear-elastischen Materialverhaltens und quasi-statischen Bedingungen. Die Ausgabe der Hauptspannungen für den Ort der höchsten Beanspruchung im Bauteil wurde zur Berechnung des Festigkeitsnachweises herangezogen.

5 Berechnung der Zahnflankenbruchtragfähigkeit

Calculation of the Tooth Flank Fracture Load Capacity

Im Stand der Technik wird eine Vielzahl an Methoden zur Berechnung der Zahnflankenbruchtragfähigkeit aufgezeigt. Hierbei zeigt sich eine bessere Abbildungsgüte bei der Spannungsberechnung, wenn numerische Ansätze verwendet werden. Die Beanspruchbarkeit wird maßgeblich durch Fehlstellen beeinflusst, welche mit dem Ansatz nach MURAKAMI berücksichtigt werden können [MURA19]. In diesem Kapitel wird eine FE-basierte Methode zur Berechnung der Zahnflankenbruchtragfähigkeit vorgestellt und an mehreren Verzahnungsgeometrien validiert. Mit der validierten Berechnungsmethode werden makrogeometrische Parameter gezielt variiert und deren Einfluss auf die Zahnflankenbruchtragfähigkeit ermittelt.

5.1 Berechnungsablauf der WZL-Tragfähigkeitsberechnung

Calculation Process of the WZL Load Capacity Calculation

Die WZL-Flankenbruch-Tragfähigkeitsberechnung baut auf den Arbeiten von KONOWALCZYK auf und berechnet die Zahnflankenbruchtragfähigkeit anhand einer lokalen Anstrengung *A* [KONO18]. Dabei wird die lokale Anstrengung *A* durch Gegenüberstellung der lokalen Beanspruchung und der lokalen Beanspruchbarkeit ermittelt. Liegt eine lokale Anstrengung $A \geq 1$ vor, wird von einem Zahnflankenbruch ausgegangen. Der Berechnungsablauf ist in **Bild 5.1** dargestellt.

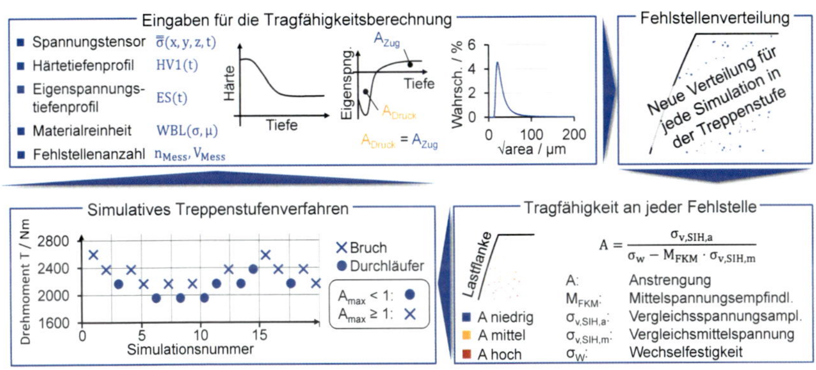

Bild 5.1: Berechnungsablauf der WZL-Tragfähigkeitsberechnung [KONO18]

Notwendige Eingabegrößen für die Berechnung sind die lokalen Spannungstensor-Zeitverläufe, das Härtetiefenprofil, das Eigenspannungstiefenprofil sowie die Funktionsparameter der Weibullverteilung (Lageparameter μ, Skalenparameter σ) zur Beschreibung der Fehlstellenverteilung einschließlich der Angaben zur Fehlstellenanzahl n_{Mess} im Messvolumen V_{Mess} [KONO18]. Die Spannungstensor-Zeitverläufe werden für jedes Drehmoment in der späteren Treppenstufensimulation in der Software ABAQUS CAE vorab berechnet. Dazu wird eine quasi-statische Abwälzsimulation über mehrere Eingriffsteilungen durchgeführt und der lokale Spannungstensor an jedem

Knoten zu diskreten Zeitpunkten ausgewertet. Liegt kein gemessenes Härtetiefenprofil vor, so kann das Härtetiefenprofil auch über die Parameter Randhärte HV_R, Einsatzhärtetiefe CHD_{600}, Einsatzhärtetiefe CHD_{550} und Kernhärte HV_K mit dem Ansatz nach KONOWALCZYK angenähert werden [KONO18]. Die Erweiterung der gängigen Parameter durch die Einsatzhärtetiefe CHD_{600} ermöglicht die Unterscheidung zwischen Härtetiefenprofilen mit Härteplateau und Härtetiefenprofilen mit linear abfallender Härte [KONO18]. Liegt kein gemessenes Eigenspannungstiefenprofil vor, so kann dieses auf Basis des Härtetiefenprofils angenähert werden. Dazu wird das Eigenspannungstiefenprofil bis zu einer Tiefe $t = 0{,}5 \cdot CHD_{550}$ über die Berechnung nach LANG ermittelt [LANG79]. Anschließend wird das Profil über ein Polynom vierter Ordnung erweitert. Die Randbedingungen des Polynoms sind ein konstanter Übergang in der Tiefe $t = 0{,}5 \cdot CHD_{550}$ (gleicher Eigenspannungswert und gleiche Steigung), eine Steigung $m = 0$ im Kern, sowie ein Flächengleichgewicht zwischen Druckeigenspannungen und Zugeigenspannungen über der Tiefe t ($A_{Druck} = A_{Zug}$) [KONO18]. Wird das Eigenspannungsgleichgewicht nicht mit einem zugeigenspannungsfreien Kern erreicht, so wird der Zugeigenspannungswert im Kern iterativ erhöht, bis ein Flächengleichgewicht vorliegt [KONO18].

Aus dem FE-Modell wird ein virtueller Zahn in der Berechnung aufgebaut und es werden Fehlstellen über einen Monte-Carlo-Algorithmus zufällig im Zahnvolumen verteilt [KONO18]. Anschließend werden die Spannungstensor-Zeitverläufe und die Materialparameter an jeder Fehlstelle interpoliert. Die Beanspruchung wird durch die effektive Schubspannungs-Doppelamplitude $\tau_{v,a}$ unter Anwendung der SIH abgebildet, vgl. Formel (2.4) in Kapitel 2.1.2 [KONO18]. Die Schubwechselfestigkeit τ_W wird über Formel (2.27) in Kapitel 2.2.2 nach MURAKAMI für innenliegende Fehlstellen berechnet [MURA19]. Der Mittelspannungseinfluss wird über die effektive Schubmittelspannung $\tau_{v,m}$ nach Formel (2.5) in Kapitel 4 und die Mittelspannungsempfindlichkeit M nach Formel (2.29) in Kapitel 2.2.2 nach der FKM-Richtlinie berücksichtigt [FKM03]. Die effektive Schubmittelspannung $\tau_{v,m}$ berücksichtigt last- und eigenspannungsbedingte Mittelspannungen [KONO18].

Das Ergebnis der Berechnung ist eine lokale Anstrengung A an jeder Fehlstelle im Zahnvolumen. Überschreitet die lokale Anstrengung A den Grenzwert $A_{max} = 1$, so wird von einem bruchauslösenden Einschluss ausgegangen und der Berechnungsschritt wird als Bruch gewertet, vgl. Bild 5.1 unten links. Wird an keiner der Fehlstellen der Wert $A_{max} = 1$ überschritten, so wird der Berechnungsschritt als Durchläufer gewertet. Der folgende Berechnungsschritt findet im Falle eines Bruches bei einem um den Stufensprung d reduzierten Drehmoment M und im Falle eines Durchläufers bei einem um den Stufensprung d erhöhten Drehmoment M statt. Durch die bei jedem Berechnungsschritt zufällige Neuverteilung der Fehlstellen kann die Zahnflankenbruchtragfähigkeit mit dem Treppenstufenverfahren nach HÜCK bestimmt werden [HÜCK83]. Aus der berechneten Treppenstufe können der Mittelwert $M_{50\%}$ und die Standardabweichung σ ermittelt werden [HÜCK83]. Unter Annahme eines normalverteilten Ausfallverhaltens bei Zahnflankenbrüchen kann auf die Ausfallwahrscheinlichkeit P_A jedes Betriebsdrehmomentes M in der Dauerfestigkeit geschlossen werden.

5.2 Erweiterung der WZL-Tragfähigkeitsberechnung

Modification of the WZL Load Capacity Calculation

Die WZL-Tragfähigkeitsberechnung zur Ermittlung der Zahnflankenbruchtragfähigkeit wurde im Rahmen dieser Arbeit in Folge der Erkenntnisse der vergangenen Jahre in einigen Berechnungsschritten gezielt erweitert. Dabei handelte es sich um die Überführung der Spannungsberechnung von kommerzieller FE-Software zur FE-STIRNRADKETTE, die Wahl einer geeigneten Vergleichsspannungshypothese, die Wahl einer geeigneten Verteilungsfunktion zur Beschreibung der Fehlstellenverteilung, sowie die Abbildung von Härte- und Eigenspannungszustand.

Spannungsberechnung

Die Berechnung der Spannungstensoren in der Voll-FEM (ABAQUS CAE) erfordert einen hohen Implementierungs- und Rechenzeitaufwand. Des Weiteren muss das Dauerfestigkeitsniveau vorab geschätzt werden, da für die Drehmomentstufen in der Treppenstufensimulation Spannungskennwerte aus der FE-Berechnung vorab berechnet werden müssen. Aus diesem Grund wurde geprüft, ob die Spannungstensoren auch mit Hilfe der FE-STIRNRADKETTE bestimmt werden können. Die in **Bild 5.2** gezeigte Gegenüberstellung der Spannungszeitverläufe zwischen ABAQUS CAE und der FE-STIRNRADKETTE wurde an einer großmoduligen Stirnradstufe aus dem Bereich Windenergiegetriebe durchgeführt. Die Auswertung erfolgte exemplarisch am unteren Einzeleingriffsübergang mittig in Zahnbreitenrichtung und in einer Tiefe $t = 2 \cdot CHD_{550}$.

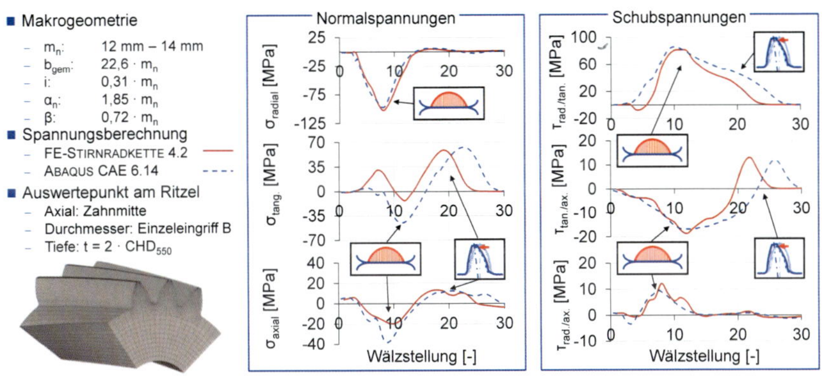

Bild 5.2: Spannungszeitverläufe ABAQUS CAE gegenüber FE-STIRNRADKETTE

Es liegt eine hohe Korrelation zwischen den beiden Berechnungsansätzen vor. Insbesondere die aus der HERTZ'schen Kontaktabplattung resultierenden Drucknormal- (σ_{rad}, σ_{ax}) und Schubspannungen ($\tau_{rad/tan}$), sowie die aus Biegung und Querschub resultierenden Zugnormal- (σ_{tan}) und Schubspannungen ($\tau_{tan/ax}$) können mit der FE-STIRNRADKETTE hinreichend genau abgebildet werden. Die zeitliche Verschiebung der Maximalspannungen zwischen ABAQUS CAE und der FE-STIRNRADKETTE resultieren aus der Berührlinienverschiebung unter Last, welche in der FE-STIRNRADKETTE nicht berücksichtigt wird. Der Einfluss auf die Vergleichsspannung ist vernachlässigbar, da aus den Spannungszeitfunktionen Mittelwerte und Amplituden abgeleitet werden.

Die Nutzung der FE-STIRNRADKETTE bietet eine Vielzahl an Vorteilen. Durch die Integration der FE-STIRNRADKETTE in den Berechnungsablauf der Tragfähigkeitsberechnung können die Rechenkerne automatisiert angesteuert werden und es müssen keine Spannungskennwerte für jede Drehmomentstufe in der Treppenstufensimulation vorab berechnet werden. Des Weiteren verkürzt sich die Dauer für die Spannungsberechnung signifikant im Vergleich zu ABAQUS CAE. Außerdem ist der Modellaufbau in der FE-STIRNRADKETTE automatisiert und es genügt eine Vorgabe der Geometrie-, Werkzeug- und Belastungsdaten.

Vergleichsspannungshypothese

Die Überführung des mehrachsigen, zeitlich veränderlichen Spannungszustandes in eine Vergleichsspannung erfolgt über eine integrale Anstrengungs-/Vergleichsspannungshypothese, da sie nach HAIBACH die zuverlässigste Hypothese zur Beurteilung mehrachsiger Schwingbeanspruchung verformungsfähiger Werkstoffe ist [HAIB06]. In den Ansätzen nach WITZIG, WICKBORN und nach KONOWALCZYK liegt ein Defizit bei der physikalisch korrekten Berücksichtigung des Eigenspannungszustandes vor [WITZ12, WICK17, KONO18]. Die in der Schnittebene $\gamma\varphi$ berechneten Spannungen werden gemäß Formel (2.1) quadriert. Bei einsatzgehärteten Verzahnungen liegen in der Randzone Druckeigenspannungen in tangentialer und axialer Richtung vor. Die Druckeigenspannungen werden über tangentiale und axiale Zugeigenspannungen im Zahninneren ausgeglichen. Die Eigenspannungen werden bei einsatzgehärteten Zahnrädern für übliche Belastungszustände als zeitlich konstant angenommen und fließen somit als Mittelspannungen in die Berechnung ein [BROE22]. Durch die Quadratur der Spannungswerte in der Schnittebene $\gamma\varphi$ können Druck- und Zuganteile der Eigenspannungen nicht unterschieden werden. WITZIG und WICKBORN berechnen aus diesem Grund zwei Vergleichsspannungszustände (Last + Eigenspannungen, nur Eigenspannungen) [WITZ12, WICK17]. Die Subtraktion der Vergleichsspannungen liefert den schädigungskritischen Anteil der Vergleichsspannung. Zugeigenspannungen werden in den Ansätzen als vernachlässigbar angenommen [WITZ12, WICK17]. KONOWALCZYK wendet eine Fallunterscheidung an, indem die Schubmittelspannungen im Bereich der Druckeigenspannungen als tragfähigkeitsfördernd und im Bereich der Zugeigenspannungen als tragfähigkeitsmindernd angenommen werden [KONO18]. Es findet je nach Eigenspannungszustand ein Vorzeichenwechsel bei der Schubmittelspannung statt, welche jedoch sowohl Last- als auch Eigenspannungsanteile enthält und damit nicht zwangsläufig im Übergang zwischen Druck- und Zugeigenspannungen in einen tragfähigkeitsmindernden Zustand übergeht [KONO18].

Für die Berechnungsmethode in dieser Arbeit wurde eine Anpassung der SIH durch LIU ET AL. implementiert [LIU03]. LIU ET AL. modifizieren die Schubspannungsintensitätshypothese, sodass Normalmittelspannungen vorzeichengetreu berücksichtigt werden können, vgl. **Formel (5.1)** [LIU03]. Dadurch werden der tragfähigkeitssteigernde

Effekt von Druckeigenspannungen und der tragfähigkeitsmindernde Effekt von Zugeigenspannungen berücksichtigt, was insbesondere bei der Betrachtung der Werkstoffanstrengung im Übergang von Druck- zu Zugeigenspannungszustand wichtig ist. Die Beanspruchungsanteile in Form von Normal- und Schubbeanspruchungsamplituden $\sigma_{va,\tau}$ und $\sigma_{va,\sigma}$ werden analog zu Formel (2.4) in Kapitel 2.1.2 getrennt berechnet. Die Mittelspannungsanteile infolge Normal- und Schubbeanspruchung $\sigma_{vm,\tau}$ bzw. $\sigma_{vm,\sigma}$ werden nach den **Formeln (5.2)** und **(5.3)** berechnet.

$$A = \frac{a \cdot \sigma_{va,\tau}^2 + b \cdot \sigma_{va,\sigma}^2 + m \cdot \sigma_{vm,\tau}^2 + n \cdot \sigma_{vm,\sigma}}{\sigma_W^2} \tag{5.1}$$

$$\sigma_{vm,\tau} = \sqrt{\frac{\int_{\gamma=0}^{\pi} \int_{\varphi=0}^{2\pi} \tau_{\gamma\varphi,a}^2 \cdot \tau_{\gamma\varphi,m}^2 \sin\gamma \, d\varphi d\gamma}{\int_{\gamma=0}^{\pi} \int_{\varphi=0}^{2\pi} \tau_{\gamma\varphi,a}^2 \sin\gamma \, d\varphi d\gamma}} \tag{5.2}$$

$$\sigma_{vm,\sigma} = \frac{\int_{\gamma=0}^{\pi} \int_{\varphi=0}^{2\pi} \sigma_{\gamma\varphi,a}^2 \cdot \sigma_{\gamma\varphi,m} \sin\gamma \, d\varphi d\gamma}{\int_{\gamma=0}^{\pi} \int_{\varphi=0}^{2\pi} \sigma_{\gamma\varphi,a}^2 \sin\gamma \, d\varphi d\gamma} \tag{5.3}$$

Die Konstanten *a*, *b*, *m* und *n* beschreiben Materialkoeffizienten und ergeben sich aus den Randbedingungen bei den Beanspruchungsfällen Zug-Druck-Wechselbeanspruchung σ_W, Zugschwellbeanspruchung σ_{Sch}, Torsionswechselbeanspruchung τ_W und Torsionsschwellbeanspruchung τ_{Sch} [LIU03]. Die Zug-Druck-Wechselfestigkeit σ_W wird nach MURAKAMI in Abhängigkeit der lokalen Vickers Härte *HV1* und der Einschlussgröße $\sqrt{area}$ für innenliegende Einschlüsse nach **Formel (5.4)** bestimmt [MURA19]. Die Torsionswechselfestigkeit τ_W wird in Anlehnung an die experimentellen Ergebnisse für Einsatzstähle von BÖHME nach **Formel (5.5)** bestimmt [BÖHM22].

$$\sigma_W = 1{,}56 \cdot \frac{HV1 + 120}{\sqrt{area}^{\frac{1}{6}}} \tag{5.4}$$

$$\tau_W = \frac{\sigma_W}{-5 \cdot 10^{-4} \cdot HV1 + \sqrt{3}} \tag{5.5}$$

Die Zug-Druck-Schwellfestigkeit σ_{Sch} wird unter Berücksichtigung der Mittelspannungsempfindlichkeit *M* nach **Formel (5.6)** bestimmt [LIU91]. Die Mittelspannungsempfindlichkeit *M* wird nach NIEMANN ET AL. berechnet, wobei die erforderliche Zugfestigkeit R_m aus der lokalen Härte *HV1* mit der Näherung nach WINDERLICH abgeschätzt wird, **Formel (5.7)** [WIND90, NIEM01]. Die Torsionsschwellfestigkeit τ_{Sch} wird nach **Formel (5.8)** berechnet [LIU91].

$$\sigma_{Sch} = \frac{2 \cdot \sigma_W}{1 + M} \tag{5.6}$$

$$M = 0{,}00035 \cdot R_m - 0{,}1 \qquad \text{mit} \qquad R_m = 3{,}3 \cdot HV1 \tag{5.7}$$

$$\tau_{Sch} = \frac{4 \cdot \tau_W}{1 + \frac{2 \cdot \sigma_W}{\sigma_{Sch}}} \tag{5.8}$$

Fehlstellenverteilung

Die Fehlstellenverteilung zur Ermittlung der Festigkeitsparameter wird in den Arbeiten von KONOWALCZYK über die Analyse der bruchauslösenden Fehlstellen im Rasterelektronenmikroskop generiert [KONO18]. Diese Methode ist mit Blick auf die Extremwertermittlung sinnvoll, da die größten Fehlstellen innerhalb des hochbeanspruchten Volumens zum Bruch führen. Hingegen ist dieses Vorgehen aufwändig und nur bei vorliegenden Zahnflankenbrüchen durchführbar. Außerdem liegen in der Regel nur eine geringe Anzahl an Zahnflankenbrüchen vor und die Datenbasis zur Ableitung einer Verteilungsfunktion ist gering. BRECHER ET AL. zeigen eine Methode zur automatisierten Auswertung von Fehlstellen mit Hilfe einer Schliffbildanalyse und dem Ansatz nach MURAKAMI auf [BREC17, MURA19]. Für die vorliegende Arbeit wurde diese Methode um die Auswertung großflächiger Schliffbilder, sowie um eine automatische Clustererkennung erweitert. Außerdem wurde eine Vorsortierung implementiert, sodass die detektierten Fehlstellen eine Mindestgröße nach DIN EN 10247 und eine Mindest-Wechselfestigkeit nach MURAKAMI aufweisen müssen [DIN17, MURA19], vgl. Kapitel 4.2.2.

KONOWALCZYK wählt basierend auf den Arbeiten von HENSER eine Weibullverteilung zur Beschreibung der Fehlstellenverteilung [HENS15, KONO18]. WICKBORN zeigt auf, dass sich die Pareto-, Lognormal- und Allgemeine Extremwertverteilung am besten für schliffbildbasierte Fehlstellenanalysen eignen, wobei eine Extremwertabschätzung mit der Lognormalverteilung und der Allgemeinen Extremwertverteilung zu physikalisch nicht sinnvollen Fehlstellengrößen führt [WICK17]. Zur Bestimmung der besten Verteilungsfunktion für die in Kapitel 4.2.2 vorgestellte Methode wurden verschiedene Verteilungsfunktionen an großflächigen Schliffbildanalysen gegenübergestellt. Dazu wurden Segmente aus Prüfverzahnungen der Validierungsbeispiele KONOWALCZYK, Variante A3 und FVA 718 I, Variante $\beta = 0°$ (Kapitel 5.3) hinsichtlich ihrer Fehlstellenverteilung analysiert [BREC18, KONO18]. Die MURAKAMI Parameter zur Beschreibung des analysierten Volumens, sowie die Ergebnisse der Verteilungsfunktionen sind für die beiden Zahnsegmente in **Bild 5.3** dargestellt [MURA19].

Es wurden für jedes Zahnsegment insgesamt $n_{Schliffe} = 3$ untersucht, wobei die Schliffe an drei verschiedenen Durchmessern erfolgten. Dies entspricht einer analysierten Gesamtschlifffläche von $S_0 = 485$ mm² bzw. $S_0 = 157$ mm². Die durchschnittlich ermittelte Fehlstellengröße beträgt $h_0 = 6{,}827$ µm bzw. $h_0 = 11{,}02$ µm. Zur Bestimmung des Messvolumens V_{Mess} schlägt MURAKAMI die Multiplikation der Gesamtschlifffläche mit der durchschnittlichen Fehlstellengröße vor [MURA19]. Damit ergeben sich Messvolumina von $V_{Mess} = 3{,}2876$ mm³ und $V_{Mess} = 1{,}7359$ mm³. Die ermittelte Fehlstellenanzahl für Beispielsegment Nr. 1 liegt bei $n_{Mess} = 369$ und bei Beispielsegment Nr. 2 bei $n_{Mess} = 570$. Damit ergeben sich Fehlstellendichten von $\rho = 113{,}316$ mm^{-3} bzw. $\rho = 307{,}672$ mm^{-3}. Die erhöhte Fehlstellendichte von Beispielsegment Nr. 2 ist darauf zurückführen, dass es sich bei Beispielsegment Nr. 1 um den Werkstoff 18CrNiMo7-6 und bei Beispielsegment Nr. 2 um den Werkstoff 16MnCr5 handelt.

16MnCr5 weist neben Aluminiumoxiden einen erhöhten Anteil an Mangansulfiden auf. Es wurden die gängigsten Verteilungsfunktionen zur Beschreibung von Fehlstellen in Werkstoffen aus dem Stand der Technik untereinander verglichen, Bild 5.3 unten. Die Verteilungsfunktionen Allgemeine Extremwertverteilung (GEV), Logarithmische Normalverteilung (LogN), Paretoverteilung (GPD) und Weibullverteilung (WBL) sind im kumulierten Wahrscheinlichkeitsplot über dem logarithmisch aufgetragenen MURAKAMI

Parameter $\sqrt{area}$ gegenübergestellt. Die kumulativen Wahrscheinlichkeiten der Fehlstellen sind als Kreuze dargestellt. Es ist zu erkennen, dass die allgemeine Extremwertverteilung die höchste Abbildungsgüte zur Beschreibung der Fehlstellenverteilung aufweist. Hin zu großen Fehlstellen ist hingegen eine Unterschätzung der allgemeinen Extremwertverteilung zu beobachten. Im Bereich der größeren Fehlstellen weist die Paretoverteilung die höchste Korrelation zu den gemessenen Fehlstellen auf, wobei diese im Bereich kleiner Fehlstellengrößen ebenfalls von der wahren Fehlstellenverteilung abweicht.

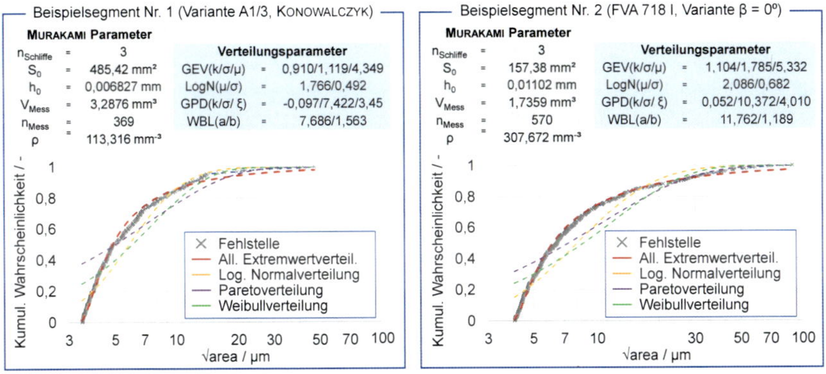

Bild 5.3: Gegenüberstellung von Verteilungsfunktionen an Praxisverzahnungen

Da das Messvolumen V_{Mess} im Vergleich zum gesamten Zahnvolumen V_{Zahn} klein ist, ist die Abbildungsgüte im Bereich der großen Fehlstellen und eine physikalisch sinnvolle Extremwertabschätzung wichtigstes Kriterium bei der Wahl der Verteilungsfunktion. Aus diesem Grund wurde eine Extremwertabschätzung mit den ermittelten Verteilungsparametern durchgeführt, **Bild 5.4**. Auf der linken Seite ist die Extremwertabschätzung mit den Verteilungsparametern von Beispielsegment Nr. 1 für verschiedene Zahnvolumina V_{Zahn} dargestellt. Es ist zu erkennen, dass die Verteilungsfunktionen der Verteilungen Weibull, Logarithmisch normalverteilt und Pareto einen degressiven Verlauf aufweisen. Die maximale Fehlstellengröße $\sqrt{area}_{max}$ nähert sich in Abhängigkeit der Verteilungsfunktion einem Grenzwert im Bereich 50 µm $\leq \sqrt{area}_{max} \leq$ 94 µm an. Die allgemeine Extremwertverteilung weist einen nahezu linearen Anstieg der maximalen Fehlstellengröße $\sqrt{area}_{max}$ mit zunehmendem Zahnvolumen auf, was physikalisch nicht sinnvoll erscheint. Außerdem liegt die maximale Fehlstellengröße bei $\sqrt{area}_{max} = 263 \cdot 10^5$ µm, was um mehrere Zehnerpotenzen von der erwarteten maximalen Fehlstellengröße abweicht. Auf der rechten Seite von Bild 5.4 ist die Abschätzung der maximalen Fehlstellengröße mit den Verteilungsparametern beider Beispielsegmente für ein Zahnvolumen $V_{Zahn} = 1 \cdot 10^6$ mm³ dargestellt. Das gewählte Zahnvolumen entspricht einer Verzahnung mit Normalmodul m_n = 11,5 mm, Normaleingriffswinkel α_n = 22°, Schrägungswinkel β = 8°, Profilverschiebungsfaktor x_1^* = -0,118 und Zahnbreite b = 350 mm im Durchmesserbereich Fußnutzkreisdurchmesser

d_{Nf} bis Kopfkreisdurchmesser d_a. Anhand der Extremwertabschätzung können die Ergebnisse der zuvor gezeigten Gegenüberstellung zwischen Fehlstellenverteilung und Wahrscheinlichkeitsverteilung bestätigt werden, wonach die Paretoverteilung die beste Extremwertabschätzung für beide Beispielsegmente liefert. Die logarithmische Normalverteilung schätzt ebenfalls physikalisch sinnvolle Fehlstellengrößen ab.

Extremwertanalysen an Fehlstellenanalysen von Verzahnungen aus Windenergiegetrieben im Rahmen eines multilateralen Industrieprojektes haben hingegen gezeigt, dass die logarithmische Normalverteilung bei großen Normalmodulen m_n tendenziell zu kleine Fehlstellengrößen abschätzt, wobei die Paretoverteilung höhere Fehlstellengrößen abschätzt. Die Weibullverteilung schätzt in der Extremwertanalyse ebenfalls zu kleine Fehlstellengrößen ab. Es ist weiterhin zu erkennen, dass für das Beispielsegment Nr. 2 größere maximale Fehlstellengrößen prognostiziert werden, was bei dem Werkstoff 16MnCr5 aufgrund der erhöhten Menge an Mangansulfiden nachvollziehbar ist. Auf Basis dieser Erkenntnisse wird die Paretoverteilung zur Beschreibung der Fehlstellenverteilung in der Tragfähigkeitsberechnung herangezogen.

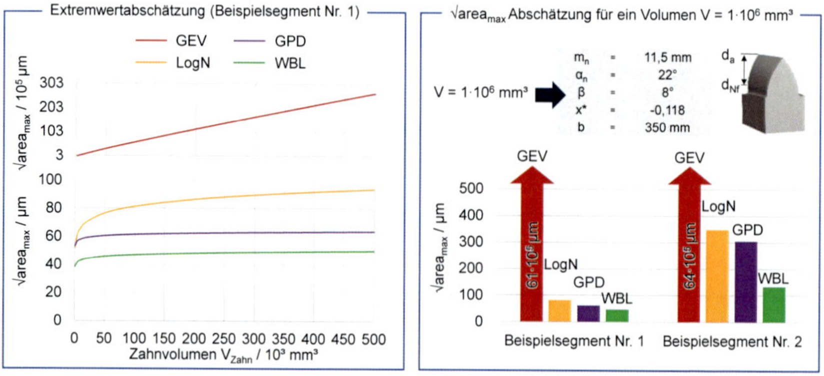

Bild 5.4: Extremwertabschätzung auf Basis der Verteilungsparameter

Härte- und Eigenspannungsprofil

Die Bestimmung des Härtetiefenverlaufes kann auf Basis von Messwerten, sowie mit den Ansätzen nach LANG, THOMAS oder KATO ET AL. erfolgen [LANG88, KATO91, THOM98]. Bei einer Gegenüberstellung der Berechnungsansätze mit einer Vielzahl an gemessenen Härteprofilen ergab sich ein differenziertes Bild in Bezug auf die Abbildungsgüte der Ansätze. Für die in dieser Arbeit gezeigten Validierungsbeispiele zeigte sich, dass sich die Ansätze nach LANG und KATO ET AL. untereinander kaum unterscheiden und das gemessene Härteprofil im Bereich des Übergangs zur Kernhärte HV_K am besten abschätzen [LANG88, KATO91]. Die Darstellung der Härteprofile erfolgt für die Validierungsbeispiele erfolgt in Kapitel 5.3. Der Ansatz nach THOMAS berechnet in den analysierten Fällen einen zu steilen Härtegradienten und damit zu geringe Härtewerte im Übergang zur Kernhärte HV_K [THOM98]. Bei einer Vielzahl anderer untersuchter Verzahnungen zeigte sich hingegen eine bessere Übereinstimmung zwischen gemessenem und berechnetem Härteprofil, wenn der Ansatz nach THOMAS verwendet wird [THOM98]. Diese Tendenz zeigte sich insbesondere bei Großverzahnungen. **Bild 5.5** zeigt eine Übersicht gemessener Härteprofile an Großverzahnungen, bei denen der Ansatz nach THOMAS die beste Abschätzung der lokalen Härte *HV1* im Bereich des Übergangs zur Kernhärte HV_K liefert, während die Ansätze nach LANG und nach KATO ET AL. die Härte im Übergang zum Kern überschätzen [LANG88, KATO91, THOM98]. Die Härtemessungen wurden im Rahmen eines multilateralen Projektes mit Getriebebauern für Windenergieanlagen durchgeführt und die Ergebnisse in anonymisierter Form freigegeben.

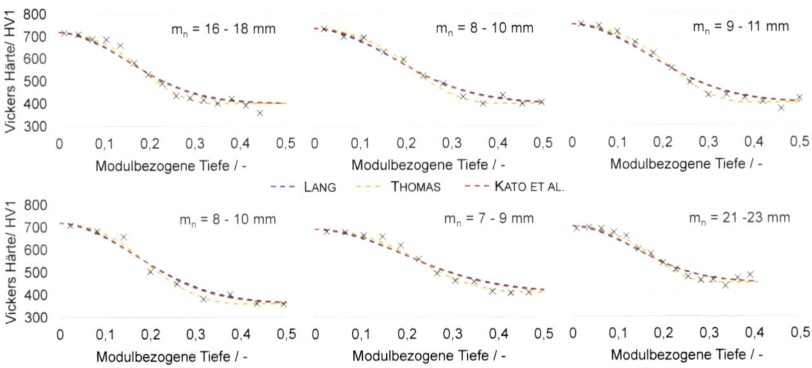

Bild 5.5: Härtemessungen vs. Ansätze nach [LANG88, KATO91, THOM98]

Es empfiehlt sich, ein gemessenes Härteprofil mit den Ansätzen abzugleichen und anschließend das Härteprofil auf Basis des Ansatzes mit höchster Übereinstimmung zur Messung zu verwenden. Auf diese Weise werden Messungenauigkeiten geglättet und die qualitativ höchste Übereinstimmung zwischen Messung und Berechnung erreicht. Liegt keine Messung vor, so wird eine konservativere Abschätzung der Tragfähigkeit mit dem Ansatz nach THOMAS empfohlen, da niedrigere Härten im Übergang zum Kernbereich berechnet werden.

Die Bestimmung des Eigenspannungstiefenverlaufes kann auf Basis von Messwerten, sowie mit dem Ansatz nach BROECKMANN ET AL. erfolgen [KONO18, BROE22]. Vergleiche zwischen dem Ansatz nach BROECKMANN ET AL. und Eigenspannungsmessungen an Verzahnungen aus Windenergiegetrieben haben Abweichungen in Bezug auf den Übergang zwischen Druckeigenspannungen und Zugeigenspannungen, sowie den Betrag der maximalen Zugeigenspannungen bei größerem Normalmodul m_n (m_n > 8 mm) gezeigt [BROE22]. Aus diesem Grund wurde eine Regressionsgleichung auf Basis von Eigenspannungsmessungen an mehreren großmoduligen Verzahnungen (8 mm ≤ m_n ≤ 22 mm) aus 18CrNiMo7-6 entwickelt, **Bild 5.6**. Die Eigenspannungsmessungen wurden im Rahmen eines multilateralen Projektes mit Getriebebauern für Windenergieanlagen durchgeführt und die Ergebnisse in anonymisierter Form freigegeben.

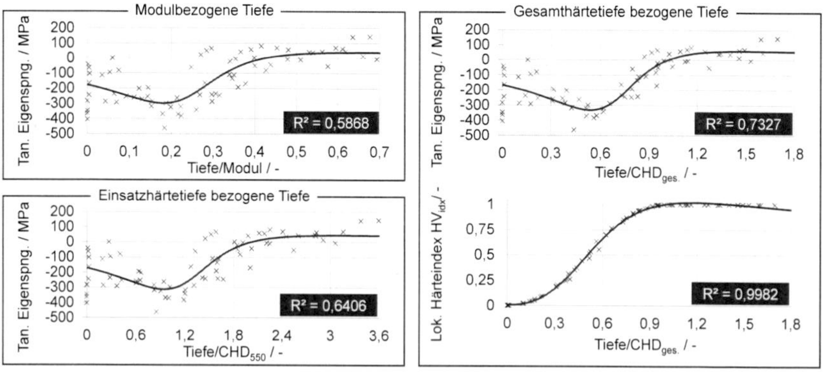

Bild 5.6: Regression zur Abschätzung der Eigenspannungen

Dazu wurden Eigenspannungsmessungen über Röntgendiffraktometrie an Praxisverzahnungen aus der Windenergie im Modulbereich 8 mm ≤ m_n ≤ 22 mm durchgeführt. Anschließend wurden die ermittelten Eigenspannungen über einer bezogenen Tiefe bzw. einem bezogenen Randabstand aufgetragen. Die Bezugsgrößen waren der Normalmodul m_n, die Einsatzhärtetiefe CHD_{550} und die Gesamthärtetiefe $CHD_{ges.}$ nach THOMAS [THOM98]. Die Daten wurden über eine rationale Funktion angenähert. Anschließend wurde die Abbildungsgüte der Näherung mit dem Bestimmtheitsmaß R^2 bewertet. Das Bestimmtheitsmaß R^2 beschreibt die Anpassungsgüte durch Quadratsummenzerlegung und nimmt Werte im Bereich $0 \leq R^2 \leq 1$ ein, wobei $R^2 = 1$ eine perfekte Übereinstimmung zwischen Soll- und Ist-Daten bedeutet.

Bei Anwendung einer modulbezogenen Tiefe liegt ein Bestimmtheitsmaß von $R^2 = 0{,}5868$ vor, Bild 5.6 oben links. Wird eine auf die Einsatzhärtetiefe CHD_{550} bezogene Tiefe verwendet, steigt das Bestimmtheitsmaß auf $R^2 = 0{,}6406$, Bild 5.6 unten links. Die höchste Abbildungsgüte liegt bei einer auf die Gesamthärtetiefe $CHD_{ges.}$ bezogenen Tiefe mit einem Bestimmtheitsmaß von $R^2 = 0{,}7372$ vor, Bild 5.6 oben rechts. Weiterhin wurde geprüft, ob neben der Gesamthärtetiefe $CHD_{ges.}$ eine zusätzliche Berücksichtigung der Härte zur Beschreibung des Eigenspannungszustandes notwendig ist. Dazu wurde die auf die Gesamthärtetiefe $CHD_{ges.}$ bezogene Tiefe einem lokalen Härteindex $HV_{idx.}$ gegenübergestellt, Bild 5.6 unten rechts. Der lokale Härteindex $HV_{idx.}$ beschreibt das Verhältnis zwischen der Härtedifferenz aus lokaler Härte und Kernhärte HV_K und der Härtedifferenz zwischen Randhärte HV_R und Kernhärte HV_K nach **Formel 5.9**. Auf diese Weise werden Einflüsse hoher Härtegradienten auf den Eigenspannungszustand berücksichtigt.

$$HV_{idx.} = 1 - \frac{HV - HV_K}{HV_R - HV_K} \tag{5.9}$$

Der lokale Härteindex $HV_{idx.}$ kann über eine rationale Funktion mit einem Bestimmtheitsmaß von $R^2 = 0{,}9982$ auf Basis der auf die Gesamthärtetiefe $CHD_{ges.}$ bezogene Tiefe bestimmt werden, Bild 5.6 unten rechts. Damit besteht ein unmittelbarer

Zusammenhang zwischen der Gesamthärtetiefe $CHD_{ges.}$ und dem lokalen Härteindex $HV_{idx.}$, was bedeutet, dass eine hohe Gesamthärtetiefe $CHD_{ges.}$ zu einem hohen lokalen Härteindex $HV_{idx.}$ führt. Eine Berücksichtigung des lokalen Härteindex $HV_{idx.}$ in der Regressionsgleichung wäre folglich redundant. Entsprechend können die tangentialen Eigenspannungen $ES_{tan.}$ über der Tiefe t mit der Gesamthärtetiefe $CHD_{ges.}$ nach **Formel 5.10** abgeschätzt werden. Wird die Eigenspannungsänderung infolge Relaxation durch den Materialabtrag bei der röntgendiffraktometrischen Messung mit dem Ansatz nach MOORE/EVANS berücksichtigt, ergeben sich die tangentialen Eigenspannungen $ES_{tan,korr.}$ nach **Formel 5.11**.

$$ES_{tan.} = \frac{97{,}29 \cdot \frac{t}{CHD_{ges.}} - 98{,}95}{\left(\frac{t}{CHD_{ges.}}\right)^2 - 1{,}375 \cdot \frac{t}{CHD_{ges.}} + 0{,}591} \tag{5.10}$$

$$ES_{tan.,korr.} = \frac{145 \cdot \frac{t}{CHD_{ges.}} - 122}{\left(\frac{t}{CHD_{ges.}}\right)^2 - 1{,}662 \cdot \frac{t}{CHD_{ges.}} + 0{,}83} \tag{5.11}$$

Die Eigenspannungen in axialer Richtung bzw. in Zahnbreitenrichung werden identisch zu den Eigenspannungen in tangentialer Richtung bzw. in Profilrichtung angenommen. Die Eigenspannungen in radialer Richtung bzw. Zahndickenrichtung werden als vernachlässigbar klein angenommen. Zugeigenspannungen im Kern können mit den beiden implementierten Ansätzen berechnet und mit der modifizierten Form der SIH nach ZENNER/LIU in der Vergleichsspannung berücksichtigt werden [LIU03].

5.3 Validierung der erweiterten Berechnungsmethode

Validation of the modified Calculation Approach

Die Berechnungsmethode konnte an mehreren Verzahnungsgeometrien erfolgreich validiert werden. Dabei handelte es sich um gerad- und schrägverzahnte Außenverzahnungen aus den Werkstoffen 16MnCr5, 20MnCr5 und 18CrNiMo7-6. Die Baugröße reichte von Prüfverzahnungen aus dem Forschungsumfeld mit Normalmodul 2 mm $\leq m_n \leq$ 8 mm bis hin zu Großverzahnungen aus der praktischen Anwendung im Modulbereich 12 mm < m_n < 15 mm. Sämtliche Verzahnungen waren einsatzgehärtet und verzahnungsgeschliffen.

Bild 5.7 zeigt die Eingabeparameter der Hauptvarianten „18CrNiMo7-6" und „20MnCr5" aus der Versuchsreihe von WITZIG [WITZ12]. Erste Zahnflankenbrüche mit der Geradverzahnung traten in den Untersuchungen von TOBIE auf [TOBI01]. WITZIG ermittelte erstmals experimentelle Zahnflankenbruch-Wöhlerlinien für die zwei gezeigten Einsatzstahlvarianten [WITZ12]. Auf Basis der Härtemessungen von WITZIG wurden Härteprofile mit den Ansätzen nach KATO ET AL., THOMAS und LANG abgeschätzt [LANG88, KATO91, THOM98, WITZ12]. Für beide Varianten liegt eine zuverlässige Abschätzung mit den Ansätzen nach LANG und KATO ET AL. vor, vgl. Bild 5.7 mittig [LANG88, KATO91]. Der Ansatz nach THOMAS prognostiziert einen stärkeren Abfall der Härte und unterschätzt die Härte im Übergang zum Kerngefüge [THOM98]. Die Berechnung der Zahnflankenbruchtragfähigkeit erfolgte mit dem Ansatz nach LANG

[LANG88]. Für beide Varianten konnten die gleichen Funktionsparameter für den Ansatz nach LANG (Kernhärte HV_K, Randhärte HV_R, Einsatzhärtetiefe CHD_{550}) verwendet werden [LANG88]. Das Eigenspannungsprofil wurde nach Formel 5.11 berechnet.

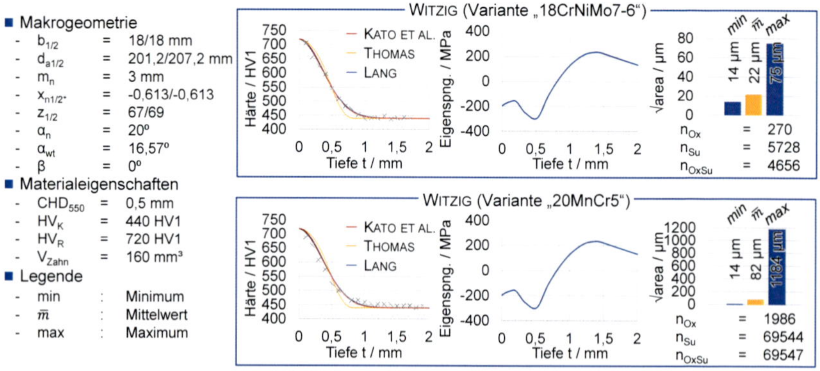

Bild 5.7: Versuchsreihe von WITZIG, Materialeigenschaften [WITZ12, WICK17]

Die Verteilungsparameter nach der Allgemeinen Paretoverteilung (GPD) wurden nach WICKBORN gewählt, welche Schliffbildanalysen an der Prüfverzahnungscharge von WITZIG durchgeführt hat [WITZ12, WICK17]. Es ergeben sich für die Variante „18CrNiMo7-6" berechnete, bruchauslösende Fehlstellen im Größenbereich 14 µm ≤ $\sqrt{area}$ ≤ 75 µm mit einer mittleren Fehlstellengröße $\sqrt{area}$ = 22 µm. Bei der Variante „20MnCr5" liegen aufgrund der größeren Streuung und der höheren Fehlstellendichte berechnete, bruchauslösende Fehlstellengrößen im Bereich 14 µm ≤ $\sqrt{area}$ ≤ 1184 µm mit einer mittleren Fehlstellengröße $\sqrt{area}$ = 82 µm vor. Des Weiteren ist die Anzahl an Fehlstellen in der Simulation für die Variante „20MnCr5" um den Faktor 13 höher als für die Variante „18CrNiMo7-6".

Die Berechnungsergebnisse der Variante „18CrNiMo7-6" sind in **Bild 5.8** zusammengefasst. Die bruchauslösenden Einschlüsse befinden sich im Einzeleingriffsgebiet bzw. im unteren Übergang zum Einzeleingriffsgebiet. Die Tiefenlage der bruchauslösenden Fehlstellen liegt im Bereich 1,25 mm ≤ t ≤ 1,75 mm (2,5·CHD_{550} - 3,5·CHD_{550}, 0,417·m_n - 0,583·m_n). Die bruchauslösenden Fehlstellen der Versuchsreihe von WITZIG wiesen eine Tiefe im Bereich 0,89 mm ≤ t ≤ 1,93 mm (1,78·CHD_{550} - 3,86·CHD_{550}, 0,297·m_n - 0,643·m_n) auf [WITZ12]. Damit liegt eine hohe Korrelation zwischen den berechneten Rissausgangsorten und den mittels Bruchflächenanalyse gemessenen Rissausgangsorten vor. Das simulierte Treppenstufenverfahren weist bei einem Stufensprung von d = 100 Nm zwei Wechsellastniveaus auf, Bild 5.8 unten links. Das dauerfeste Ritzelmoment bei einer Ausfallwahrscheinlichkeit von 50 % beträgt $M_{PA50\%}$ = 1.504 Nm. Damit weicht das berechnete Dauerfestigkeitsniveau um $\Delta M_{PA50\%}$ = +3 % vom experimentell ermittelten Dauerfestigkeitsniveau ab.

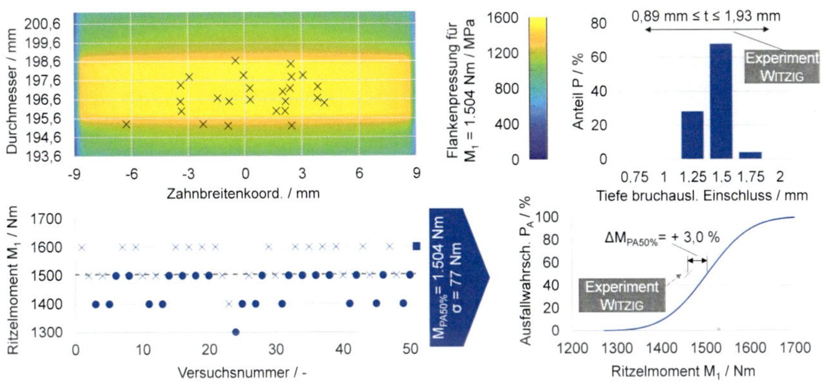

Bild 5.8: Versuchsreihe von WITZIG, Ergebnisse 18CrNiMo7-6 [WITZ12]

Die Variante „20MnCr5“ von WITZIG zeigt eine verringerte Zahnflankenbruchdauerfestigkeit im Vergleich zur Variante „18CrNiMo7-6“ [WITZ12]. Dies ist im Wesentlichen auf die erhöhte Anzahl an Fehlstellen im Gefüge zurückzuführen, da im Werkstoff 20MnCr5 neben Aluminiumoxiden eine hohe Anzahl an Mangansulfiden vorliegt. Die Gegenüberstellung von Berechnung und Experiment ist in **Bild 5.9** dargestellt.

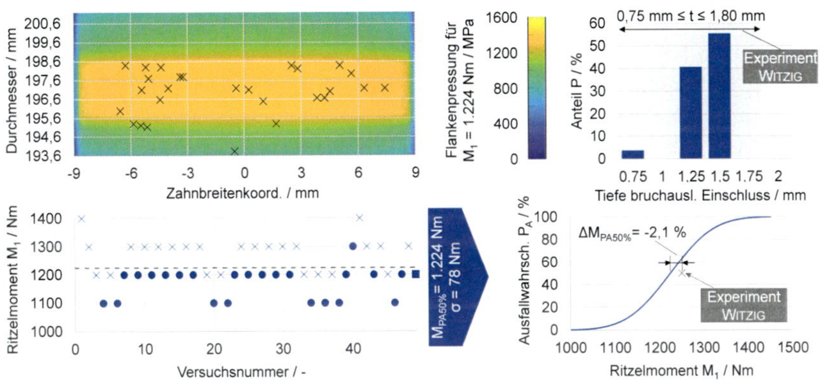

Bild 5.9: Versuchsreihe von WITZIG, Ergebnisse 20MnCr5 [WITZ12]

Die Rissausgangsorte werden ebenfalls im Bereich des Einzeleingriffgebietes prognostiziert, was sich mit den Auswertungen von WITZIG und WICKBORN deckt [WITZ12, WICK17]. Die Tiefenlage der Rissausgangsorte liegt im Bereich 0,75 mm ≤ t ≤ 1,50 mm (1,5·CHD_{550} - 3,0·CHD_{550}, 0,25·m_n - 0,5·m_n). In den Auswertungen wurden Rissausgangsorte bis zu einer Tiefe t = 1,80 mm (3,6·CHD_{550}, 0,6·m_n) detektiert [WITZ12]. Bei einem Stufensprung von d = 100 Nm liegen zwei Wechsellastniveaus vor und das dauerfest ertragbare Ritzelmoment für eine Ausfallwahrscheinlichkeit von P_A = 50 % beträgt $M_{1,50\%}$ = 1.224 Nm. Die Abweichung zum experimentell ermittelten Drehmoment beträgt $\Delta M_{PA50\%}$ = -2,1 %. Damit kann der Einfluss der unterschiedlichen Materialreinheiten mit der Berechnungsmethode abgebildet werden.

Neben der Versuchsverzahnung von WITZIG wurde die Berechnungsmethode an zwei weiteren zahnflankenbruchkritischen Versuchsverzahnungen validiert [WITZ12]. Die erste Versuchsverzahnung war eine gezielt zahnflankenbruchkritische Auslegung, die in Kooperation mit der Firma ZF WIND POWER entwickelt wurde, siehe **Bild 5.10** links (Details in **Bild 10.2** im Anhang).

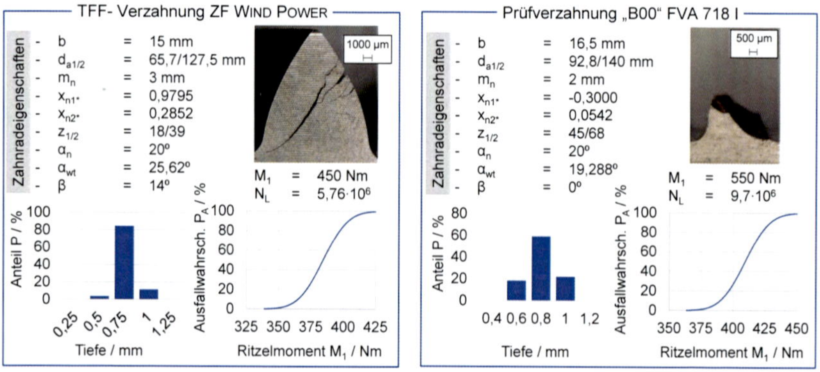

Bild 5.10: Versuchsverzahnungen „ZF Wind Power“ und „B00“ (FVA 718 I), Ergebnisse

Der Zahnradwerkstoff war 18CrNiMo7-6. Das Härte- und Eigenspannungsprofil wurde bis in den Bereich der Zugeigenspannungen gemessen. Die Fehlstellenverteilung nach der Paretoverteilung wurde über eine Schliffbildanalyse ermittelt. In den experimentellen Untersuchungen sind zwei Zahnflankenbrüche bei dem Ritzelmoment M_1 = 450 Nm und drei Zahnflankenbrüche bei dem Ritzelmoment M_1 = 425 Nm aufgetreten. Der Rissausgangsort wurde in vier von fünf Fällen am oberen Übergang zum Einzeleingriffsgebiet detektiert. Die Messung der Tiefenlage des Rissausgangsortes über Rasterelektronenmikroskopie wurde nicht durchgeführt. Das Ergebnis der Berechnung ist in Bild 5.10 links dargestellt (Ausführliche Darstellung in **Bild 10.3** im Anhang). Neben Zahnflankenbrüchen traten in weiteren Versuchen ebenfalls Grübchenschäden, als auch Zahnfußbrüche auf. Entsprechend liegt in diesem Drehmomentbereich ein potenzielles Risiko gegenüber Zahnflankenbruch, Zahnfußbruch und Grübchen vor. Der Rissausgangsort kann von der Berechnungsmethode korrekt vorhergesagt werden. Das Dauerfestigkeitsniveau liegt bei einem Ritzelmoment M_1 = 385 Nm vor. Bei den Ritzelmomenten M_1 = 450 Nm und M_1 = 425 Nm liegt eine Ausfallwahrscheinlichkeit von P_A = 100 % bzw. P_A = 99,5 %. Auf diesen Lastniveaus wurden in den Versuchen ausschließlich Brüche beobachtet.

Die zweite zahnflankenbruchkritische Prüfverzahnung war die Versuchsvariante „B00“ aus dem Forschungsvorhaben FVA 718 I „Lokale Biegewechseltragfähigkeit“, siehe Bild 5.10 rechts (Details in **Bild 10.4** im Anhang) [BREC18]. Der Zahnradwerkstoff war 16MnCr5. Es traten zwei Zahnflankenbrüche bei einem Ritzelmoment von

M_1 = 550 Nm und ein Zahnflankenbruch bei einem Ritzelmoment von M_1 = 525 Nm auf. Das Härteprofil wurde gemessen und anschließend über den Ansatz nach LANG angenähert [LANG88]. Das Eigenspannungsprofil wurde mit dem Ansatz nach BROECKMANN ET AL. abgeschätzt, da keine Messungen bis in den Bereich der Zugeigenspannungen vorlagen [BROE22]. Die Fehlstellenverteilung nach der Paretoverteilung wurde über eine Schliffbildanalyse ermittelt, Bild 5.3 „Beispielsegment Nr. 2“. Der Rissausgangsort wurde an allen drei Schadensfällen im Einzeleingriffsgebiet der Verzahnung detektiert. Die Messung der Tiefenlage des Rissausgangsortes über Rasterelektronenmikroskopie wurde nicht durchgeführt. Die Berechnung der Zahnflankenbruchtragfähigkeit ist in Bild 5.10 rechts dargestellt (ausführliche Darstellung in **Bild 10.5** im Anhang). Die prognostizierten Rissausgangsorte auf der Zahnflanke im Bereich des Einzeleingriffsgebietes decken sich mit den aufgetretenen Schadensfällen. Das ermittelte Dauerfestigkeitsniveau für eine Ausfallwahrscheinlichkeit P_A = 50 % liegt bei einem Ritzelmoment von M_1 = 410 Nm vor. Für die untersuchten Lastniveaus liegt eine berechnete Ausfallwahrscheinlichkeit von P_A = 100 % vor. Auf diesen Lastniveaus wurden in den Versuchen ausschließlich Brüche beobachtet.

Da Zahnflankenbrüche die Tragfähigkeit insbesondere bei Großverzahnungen begrenzen, wurde die Berechnungsmethode an zwei Praxisverzahnungen aus dem Bereich der Windenergie validiert, **Bild 5.11**. Windenergiegetriebe Nr. 1 weist eine Feldausfallrate von circa 5 % auf und kann damit als zahnflankenbruchkritisch eingestuft werden. Windenergiegetriebe Nr. 2 ist seit mehreren Jahren im Betrieb und es sind bisher keine Ausfälle über Zahnflankenbruch aufgetreten.

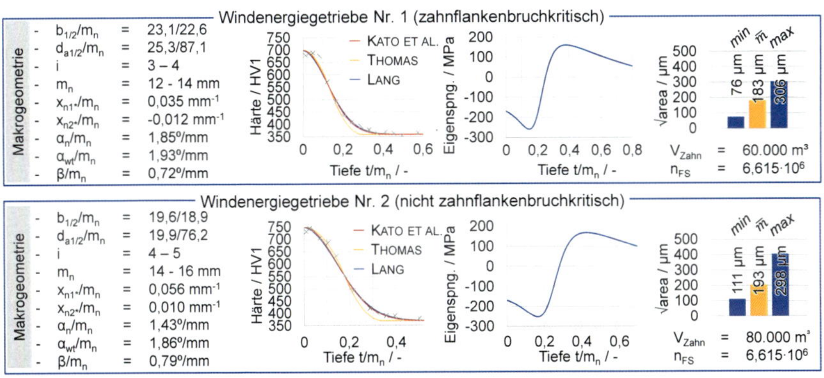

Bild 5.11: Praxisverzahnungen Windenergie, Materialeigenschaften der Zahnräder

Die Geometriedaten wurden aus der Industrie zur Verfügung gestellt und sind in anonymisierter Form dargestellt. Der verwendete Werkstoff bei beiden Zahnradstufen war 18CrNiMo7-6. Die Härtetiefenverläufe wurden gemessen und anschließend mit dem Ansatz nach LANG angenähert [LANG88]. Die Eigenspannungsprofile wurden über Formel 5.11 berechnet. Die Fehlstellenverteilung nach der Paretoverteilung wurde an einem Beispielsegment gemessen, wobei es sich um einen herausgeschnittenen Zahn handelte, aus dem neun Schliffbilder präpariert und analysiert wurden. Es wurde für beide Windenergiegetriebe die gleiche Fehlstellenverteilung angenommen, da beide Getriebe von der gleichen Firma gefertigt wurden und nur ein Beispielsegment zur Verfügung stand. Aufgrund der unterschiedlichen Zahnvolumina V_{Zahn} der Getriebe werden für Windenergiegetriebe Nr. 2 größere Fehlstellen abgeschätzt.

Die Berechnung der Zahnflankenbruchtragfähigkeit von Windenergiegetriebe Nr. 1 ist in **Bild 5.12** dargestellt. Der Rissausgangsort wurde im überwiegenden Teil der Feldausfälle im Bereich des Übergangs zum Einzeleingriffsgebiet auf der linken Verzahnungshälfte in axialer Richtung festgestellt, was einem relativen Durchmesser von d/m_n = 22,37 und einer relativen Zahnbreitenkoordinate im Bereich $-11{,}5 \leq b/m_n \leq 0$ entspricht.

Die Tiefenlage der Rissausgangsorte lag größtenteils bei einer relativen Tiefe von t/m_n = 0,4. Die Feldanalysen können von der Berechnungsmethode erfolgreich vorhergesagt werden, vgl. Bild 5.12 oben. Die berechnete Ausfallwahrscheinlichkeit beträgt beim Generatormoment M_{Gen} inklusive aller Kraftfaktoren $\prod K$ nach ISO 6336-1 P_A = 12,4 % [ISO19a]. Die Berechnung wurde mit einem mittleren Härteprofil im Streuband der ausgefallenen Zahnradstufen durchgeführt. Für höhere Einsatzhärtetiefen CHD_{550} und höhere Kernhärten HV_K kann von einer niedrigeren Ausfallwahrscheinlichkeit ausgegangen werden. Insofern ist die berechnete Zahnflankenbruchtragfähigkeit eine gute Abschätzung der beobachteten Feldausfallrate von 5 %.

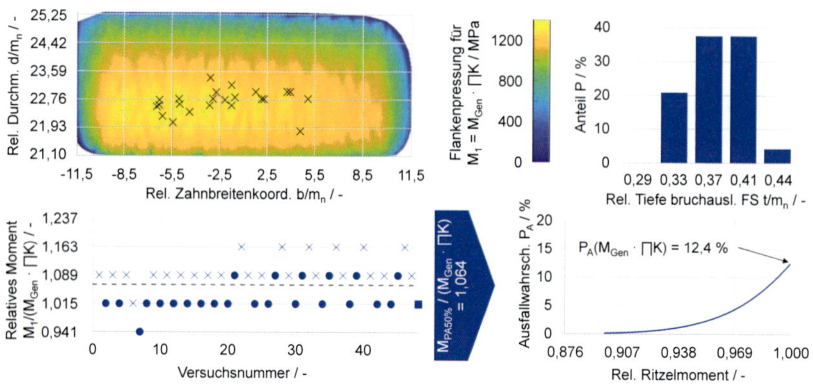

Bild 5.12: Rechnerische Zahnflankenbruchtragfähigkeit, Windenergiegetriebe Nr. 1

Für Windenergiegetriebe Nr. 2 sind keine Schadensfälle dokumentiert. Die berechnete Zahnflankenbruchtragfähigkeit für eine Ausfallwahrscheinlichkeit P_A = 50 % liegt bei einem auf das Generatormoment M_{Gen} inklusive des Produktes aller Kraftfaktoren ΠK bezogenen Ritzelmoment von $M_{PA50\%}/(M_{Gen} \cdot \Pi K)$ = 1,228. Damit liegt die Tragfähigkeit höher als bei Windenergiegetriebe Nr. 1 ($M_{PA50\%}/(M_{Gen} \cdot \Pi K)$ = 1,064), welches als zahnflankenbruchkritisch eingestuft wird. Für Windenergiegetriebe Nr. 2 liegt eine Ausfallwahrscheinlichkeit von P_A = 0,32 % beim Generatormoment M_{Gen} inklusive der Kraftfaktoren ΠK nach ISO 6336-1 vor [ISO19a]. Folglich wird das Getriebe auch in der Berechnung als unkritisch gegenüber Zahnflankenbruch eingestuft. Damit konnte die Berechnungsmethode auch an Großverzahnungen aus der industriellen Praxis erfolgreich validiert werden.

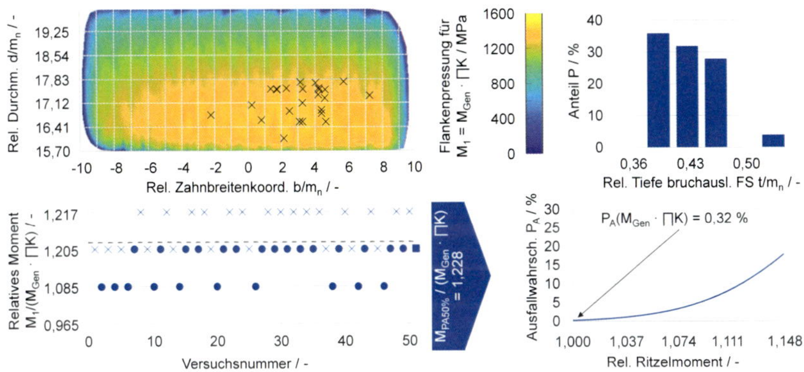

Bild 5.13: Rechnerische Zahnflankenbruchtragfähigkeit, Windenergiegetriebe Nr. 2

Abschließend wurde die Zahnflankenbruchtragfähigkeit der Versuchsvariante A3 von KONOWALCZYK berechnet, welche auch in den experimentellen Untersuchungen mit dem Analogieprüfstand zum Einsatz kam, **Bild 5.14** [KONO18]. Der Zahnradwerkstoff war 18CrNiMo7-6. Das Härteprofil wurde gemessen und anschließend mit dem Ansatz nach LANG angenähert [LANG88].

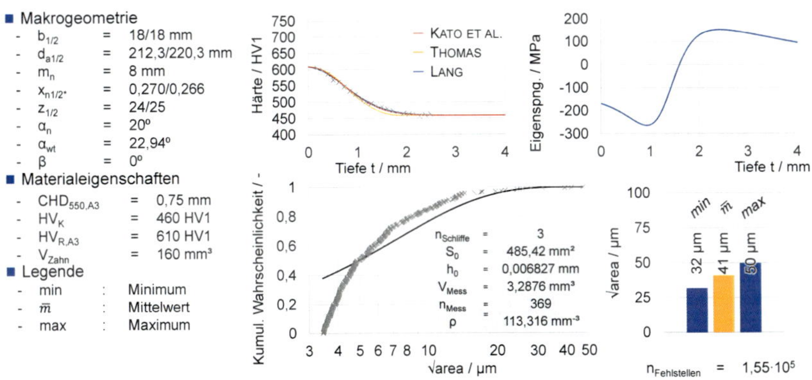

Bild 5.14: Versuchsvariante „A3“ [KONO18], Materialeigenschaften der Zahnräder

Um insbesondere die Härte im Auslauf der gehärteten Randzone korrekt abzubilden, wurden leichte Anpassungen bei den Härteparametern im Vergleich zu den in Kapitel 4.3 genannten Kennwerten vorgenommen. Das Eigenspannungsprofil wurde über Formel 5.11 abgeschätzt, da kein gemessenes Eigenspannungsprofil bis in den Bereich der Zugeigenspannungen vorlag. Die Fehlstellenverteilung nach der Paretoverteilung wurde gemessen, wobei drei Schliffe aus drei unterschiedlichen Zähnen präpariert und analysiert wurden.

Das Ergebnis der Berechnung ist in **Bild 5.15** zusammengefasst. Die prognostizierten Rissausgangsorte liegen im Bereich des Einzeleingriffes, was sich mit den Rissausgangsorten im Experiment deckt. Einige Schadensfälle im Experiment brachen im unteren Doppeleingriffsgebiet. In diesem Bereich liegt laut Berechnung kein kritisch beanspruchter Bereich vor. Die Tiefenlage der Rissausgangsorte war im Experiment variantenübergreifend im Bereich 2,5 mm $\leq t \leq$ 3 mm (3,33·CHD_{550} - 4,0·CHD_{550}, 0,313·m_n - 0,375·m_n). Die Berechnung prognostiziert die Rissinitiierung für die Variante A3 in einem Tiefenbereich 2 mm $\leq t \leq$ 2,5 mm und weicht damit von den experimentellen Beobachtungen leicht ab. Die anderen von KONOWALCZYK untersuchten Varianten wiesen eine höhere Einsatzhärtetiefe CHD_{550} als die Variante A3 auf. Die Rissausgangsorte wurden aber hinsichtlich der Tiefenlage variantenübergreifend ausgewertet [KONO18]. Für höhere Einsatzhärtetiefen CHD_{550} verschiebt sich der rechnerische Rissausgangsort in höhere Tiefenlagen. Unter Berücksichtigung rechnerisch höherer Tiefenlagen der anderen Varianten schätzt die Berechnung die Tiefenlage korrekt ab. Das berechnete Dauerfestigkeitsniveau liegt bei einem Ritzelmoment M_1 = 3.069 Nm und weicht damit um $\Delta M_{PA50\%}$ = +20,8 % zur nicht konservativen Seite ab.

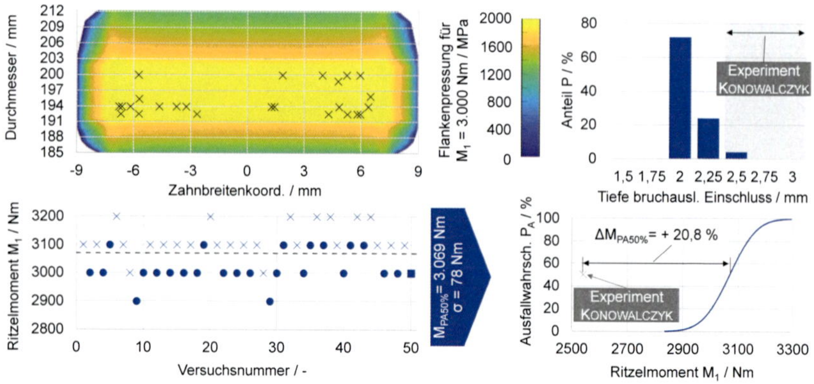

Bild 5.15: Rechnerische Zahnflankenbruchtragfähigkeit Variante „A3“ [KONO18]

Insgesamt bleibt festzuhalten, dass die Tragfähigkeit der Variante A3 nur bedingt vorhergesagt werden kann. Hierbei ist zu berücksichtigen, dass das experimentell ermittelte Dauerfestigkeitsniveau auf einer geringen Versuchsanzahl von N = 10 Versuchen beruht. Ein möglicher Einfluss der Abweichung zwischen Experiment und Berechnung wird bereits von KONOWALCZYK angeführt und betrifft das martensitisch-bainitische Mischgefüge dieser Variante [KONO18]. Weitere Einflüsse sind möglicherweise zu geringe Fehlstellengrößen in der Berechnung als Folge eines zu kleinen Messvolumens für die Fehlstellenverteilung. Die größte Fehlstelle in der Berechnung weist einen

MURAKAMI Parameter von $\sqrt{area_{max}}$ = 50 µm auf, was kleiner als die von WITZIG dokumentierten Fehlstellen an einer Verzahnung mit Normalmodul m_n = 3 mm ist [WITZ12, MURA19]. Weiterhin muss die Unschärfe der Berechnung in Bezug auf die lokalen Festigkeitskennwerte berücksichtigt werden, welche auf einer Grenzlastspielzahl von $N_G = 10^7$ Lastspielen beruhen. Des Weiteren kann die Annahme des Eigenspannungsprofils auf Basis der in Kapitel 5.2 vorgestellten Regressionsgleichung für die analysierte Verzahnung zu Ungenauigkeiten führen. Der Eigenspannungseinfluss hat einen großen Einfluss auf die Zahnflankenbruchtragfähigkeit, sowie die Tiefenlage der bruchauslösenden Einschlüsse. Der Tragfähigkeitsunterschied zwischen Experiment und Berechnung muss entsprechend bei der rechnerischen Beurteilung der Zahnflankenbruchtragfähigkeit im Analogieversuch in Kapitel 6.5 berücksichtigt werden.

Aufgrund der Diskrepanz zwischen experimenteller und rechnerischer Zahnflankenbruchtragfähigkeit wurden weitere Ansätze zur Vergleichsspannungsberechnung implementiert und zur Berechnung der Tragfähigkeit herangezogen, **Bild 5.16**. Die implementierten Vergleichsspannungsansätze sind in Kapitel 2.1.2 detailliert erläutert. Der Ansatz nach SIMBÜRGER wird in den Berechnungsmethoden von WITZIG und WICKBORN verwendet [WITZ12, WICK17]. Der Ansatz nach ZENNER wird in der vorliegenden Arbeit verwendet [LIU03]. Der Ansatz nach DANGVAN wird in der Berechnungsmethode von OCTRUE ET AL. angewendet [DANG89, OCTR18]. Der Ansatz nach WEBER geht auf eine Vergleichsspannungshypothese der Firma BOSCH zurück [WEBE15]. Der Ansatz nach FINDLEY wird von MACKALDENER und AL ET AL. angewendet [FIND59, MACK01a, AL16c].

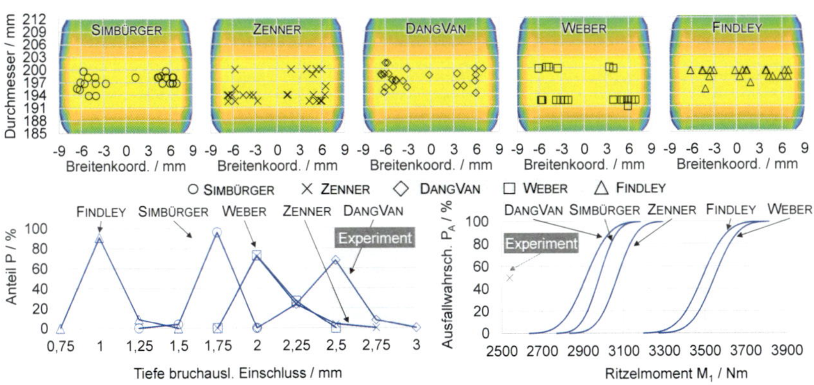

Bild 5.16: Gegenüberstellung der Vergleichsspannungsansätze [KONO18]

Hinsichtlich des Rissausgangsortes auf der Zahnflanke liefern die Vergleichsspannungsansätze nach SIMBÜRGER, ZENNER und DANGVAN valide Ergebnisse, wobei der Ansatz nach SIMBÜRGER zur Anhäufung von Rissinitiierungen im höheren Durchmesserbereich tendiert, was nicht den Beobachtungen im Experiment entspricht, vgl. Bild 5.16 oben [SIMB75, DANG89, LIU03]. Mit dem Ansatz nach WEBER liegen vier konzentrierte Bereiche mit Rissausgansorten an den Übergängen zum Einzeleingriffsgebiet vor [WEBE15]. Dies deckt sich nicht mit den beobachteten Schadensfällen. Mit dem Ansatz nach FINDLEY liegt der kritische Bereich im oberen Einzeleingriffsgebiet, was sich ebenfalls nicht mit den beobachteten Schadensfällen deckt [FIND59]. Die bei allen Ansätzen (ausgenommen FINDLEY) axial außermittigen Rissinitiierungen sind auf die Pressungsüberhöhungen an den Übergängen zur Endrücknahme zurückzuführen.

In Bezug auf die Tiefenlage der Rissausgangsorte liefern die Ansätze nach WEBER, ZENNER und DANGVAN valide Ergebnisse, vgl. Bild 5.16 unten links [DANG89, LIU03, WEBE15]. Die Ansätze nach SIMBÜRGER und FINDLEY prognostizieren eine geringere Tiefenlage der Rissausgangsorte, was sich nicht mit den experimentellen Ergebnissen deckt [FIND59, SIMB75]. In Bezug auf die Zahnflankenbruchtragfähigkeit wird das Dauerfestigkeitsniveau bei allen untersuchten Vergleichsspannungsansätzen zur nicht konservativen Seite abgeschätzt. Die geringste Abweichung weist der Vergleichsspannungsansatz nach DANGVAN mit einer Abweichung zum Experiment von $\Delta M_{PA50\%}$ = +14,8 % auf. Die im Vergleich zum Ansatz nach ZENNER bessere Vorhersagegüte ist möglicherweise auf den übergeordneten Einfluss der Schubbeanspruchung infolge HERTZ'schem Kontakt und Querschub bei dieser Verzahnungsgeometrie zurückzuführen, da der Ansatz nach DANGVAN die maximale Hauptschubspannung nach TRESCA zu einem Zeitpunkt verwendet und keine dedizierte Auswertung des Wälzkontaktes durch Amplituden und Mittelwertbildung erfolgt [DANG89, LIU03]. Schlankere Verzahnungsgeometrien mit einer höheren Biegebeanspruchung können mit dem Ansatz nach DANGVAN möglicherweise nicht hinreichend genau berechnet werden [DANG89].

5.4 Rechnerischer Makrogeometrieeinfluss auf die Tragfähigkeit

Simulative Macrogeometrical Influence on the Load Capacity

In Anlehnung an die Validierungsbeispiele aus dem Prüfverzahnungsbereich und ein mögliches Anwendungsgebiet der Berechnungsmethode (Großgetriebe für den Sondermaschinenbau oder den Windenergiesektor) wurden für die Variantenrechnung eine klein- sowie ein großmodulige Verzahnungsgeometrie betrachtet. Die kleinmodulige Variante entspricht in seiner Referenzauslegung dem in Kapitel 5.3 vorgestellten Validierungsbeispiel aus den Untersuchungen von TOBIE, WITZIG und WICKBORN [TOBI01, WITZ12, WICK17]. Die großmodulige Variante ist eine Eigenauslegung in Anlehnung an die mittlere Getriebestufe eines dreistufigen Getriebes in Windenergieanlagen. Die Geometrie und die Variationsstufen sind in **Tabelle 5-1** zusammengefasst, wobei die Geometrie der Referenz fettgedruckt dargestellt ist.

Tabelle 5-1: Verzahnungsgeometrien und Varianten für die Variantenrechnung

	Geometrie Nr. 1	*Geometrie Nr. 2*
Zähnezahl $z_{1/2}$	67/69	25/90
Normalmodul m_n / mm	3	11,5
Achsabstand a / mm	200	665
Kopfrücknahme	Kurze Rücknahme nach [NIEM03]	Lange Rücknahme nach [NIEM03]
Kopfrücknahmebetrag C_a / µm	30	70
Profilverschiebungssumme Σx^* / -	-1,227	-0,236
Normaleingriffswinkel α_n / °	17(A), 18(B), **20(Ref.)**, 22(C), 23(D)	20(A)/ **22(Ref.)**/ 24(B)
Schrägungswinkel β / °	**0(Ref.)/** 6(A)/ 12(B)/ 18(C)	5(A)/ **8(Ref.)**/ 11(B)
Gemeinsame Breite b / mm	14,4(A)/ 16,2(B)/ **18(Ref.)**/ 19,8(C)/ 21,6(D)	247,5(A)/ **275(Ref.)**/ 302,5(B)
Kopfkreisdurchmesser d_{a1} / mm	**201,2(Ref.)**/ 200,6(A)/ 200(B)/ 199,4(C)/ 198,8(D)	**310(Ref.)**/ 306,9(A)/ 303,8(B)
Kopfkreisdurchmesser d_{a2} / mm	**207,2(Ref.)**/ 206,6(A)/ 206(B)/205,4(C)/ 204,8(D)	**1060(Ref.)**/ 1056,5(A)/ 1053,1(B)
Profilverschiebungsfaktor x_{1^*} / -	-0,767(A)/ -0,69(B)/ **-0,613(Ref.)**/ -0,537(C)/ -0,460(D)	-0,177(A)/ **-0,118(Ref.)** -0,059(B)
Streuung der Referenz im dauerfesten Drehmoment $M_{DF,50\%}$ / Nm	Mittelwert: 1421 Nm Abweichung: +1,3 %, -1,1 %	Mittelw.: 66,7 kNm Abweichung: +4,3 %, -3,6 %

Die einzelnen Variationsstufen sind für eine bessere Zuordnung zu den Ergebnissen mit Großbuchstaben abgekürzt. Es wurden die Parameter Normaleingriffswinkel α_n, Schrägungswinkel β, gemeinsame Zahnbreite b, Kopfkreisdurchmesser Ritzel d_{a1}, Kopfkreisdurchmesser Rad d_{a2} und Profilverschiebungsfaktor Ritzel x_1* analysiert. Bei der Variation handelte es sich nicht um eine vollfaktorielle Variation, sondern um eine isolierte Variation jedes geometrischen Parameters mit dem Ziel, alle weiteren geometrischen Parameter konstant zu halten. Eine vollfaktorielle Untersuchung ist deutlich rechenintensiver und bedarf der Implementierung einer automatisierten Modellerstellung in der FE-STIRNRADKETTE. Bei der kleinmoduligen Geometrie Nr.1 wurde jeder Parameter in fünf Stufen variiert. Bei der großmoduligen Geometrie Nr. 2 wurde jeder Parameter aufgrund der hohen Rechenzeit in drei Stufen variiert.

Eine Änderung des Normaleingriffswinkels α_n oder eine Änderung des Schrägungswinkels β führen zu einer Änderung der Profilverschiebungssumme Σx und zu einer Änderung der Profilüberdeckung ε_α. Zur Beibehaltung einer konstanten Profilverschiebung $x_{1/2}$ und einer konstanten Profilüberdeckung ε_α im Vergleich zur Referenzauslegung wurden der Achsabstand a und die Kopfkreisdurchmesser $d_{a1/2}$ für diese Variationen entsprechend angepasst, sodass die Profilverschiebungssumme Σx und die Profilüberdeckung ε_α konstant blieben. Bei der Variation der Profilverschiebung des Ritzels x_{1^*} wurde die Profilverschiebung des Rades x_{2^*} um den gleichen Betrag angepasst, um eine konstante Profilverschiebungssumme Σx zu gewährleisten. Als einzige mikrogeometrische Modifikation wurde eine Kopfrücknahme C_a mit einem auf die Geometrie jeder Variationsstufe abgestimmten Startdurchmesser d_{Ca} aufgeprägt. Die Startdurchmesser d_{Ca} wurden für die Geometrie Nr.1 nach NIEMANN/WINTER „kurze Rücknahme" und für die Geometrie Nr. 2 nach NIEMANN/WINTER „lange Rücknahme" gewählt [NIEM03]. Die Ergebnisgrößen waren das dauerfest ertragbare Ritzeldrehmoment M_{DF} für eine Ausfallwahrscheinlichkeit P_A = 50 % sowie die dazugehörige nominelle Zahnflankenpressung σ_{DF}.

Da das Ergebnis jeder Berechnung einem stochastischen Einfluss unterliegt (Randomisierte Fehlstellenverteilung in jeder Einzelrechnung, Monte-Carlo Simulation), wurde die Tragfähigkeit der Referenzvariante für beide Geometrien im Vorfeld der Variantenrechnung zehn Mal berechnet. Auf der Basis wurde ersichtlich, ob eine Tragfähigkeitsänderung Folge der Makrogeometrievariation ist oder der Streuung durch die Monte-Carlo-Simulation unterliegt. Das Ergebnis ist in Tabelle 5-1 in der untersten Zeile aufgeführt. Für die Geometrie Nr. 1 ergibt sich eine mittlere Tragfähigkeit von $M_{DF,50\%}$ = 1421 Nm. Die mittlere Tragfähigkeit streut bei zehnfacher Wiederholung der Berechnung im Bereich von -1,1 % bis +1,3 %. Für die Geometrie Nr. 2 ergibt sich eine mittlere Tragfähigkeit von $M_{DF,50\%}$ = 66.685 Nm. Die mittlere Tragfähigkeit streut bei zehnfacher Wiederholung im Bereich von -3,6 % bis +4,3 %.

Die Haupteinflüsse der geometrischen Variationen auf die Kontaktbedingungen sind in **Bild 5.17** zusammengefasst. Die mit Kreisen belegten Verläufe beziehen sich auf Änderungen der kleinmoduligen Geometrie Nr. 1 und die mit Dreiecken belegten Verläufe auf Änderungen der großmoduligen Geometrie Nr. 2. Eine lineare Änderung des Normaleingriffswinkels α_n bedingt einen degressiv ansteigenden Ersatzkrümmungsradius ρ_{ers}. Mit linear steigendem Schrägungswinkel β steigt die Sprungüberdeckung ε_β und damit die Gesamtüberdeckung ε_γ linear an. Außerdem führt ein linear steigender Schrägungswinkel β zu einer progressiv zunehmenden maximalen Berührlinienlänge l_{max}.

Ein linearer Anstieg der Profilverschiebung x_1* bei betragsmäßig identischer Reduktion der Profilverschiebung am Gegenrad x_2* führt zu einem linearen Anstieg der Normalzahndicke S_n. Lineare Kopfkürzungen am Ritzel oder Gegenrad d_{a1} bzw. d_{a2} bedingen eine linear abnehmende Gesamtüberdeckung ε_γ. Des Weiteren verschieben sich die Einzeleingriffsübergänge und die Zahnhöhe $h_{B\to D}$ im Einzeleingriff steigt mit linear zunehmender Kopfkürzung von Ritzel d_{a1} oder Rad d_{a2} linear an. Die Kenngröße $h_{B\to D}$ gibt ein Indiz über die maximale Zugspannung am unteren Einzeleingriff, da der Hebelarm mit steigender Zahnhöhe im Einzeleingriff zunimmt. Ein linearer Anstieg der Zahnbreite b führt für Geradverzahnungen zu einer linear ansteigenden Berührlinienlänge l und für Schrägverzahnungen zu einer progressiv ansteigenden Berührlinienlänge l_{max}.

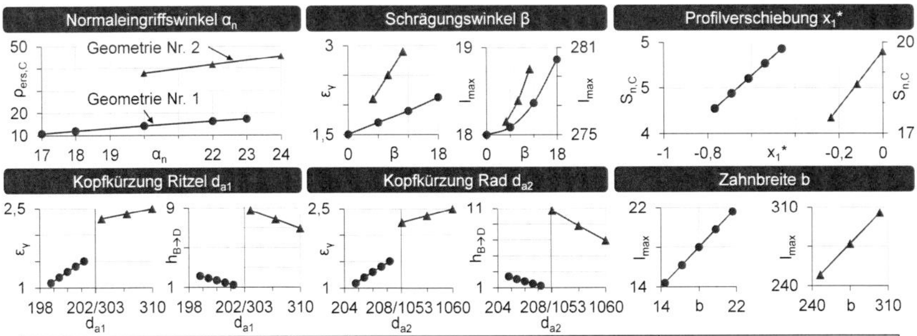

α_n/β / °:	Normaleingriffs-/Schrägungswinkel	$h_{B\to D}$ / mm:	Zahnhöhe im Einzeleingriffsgebiet	ε_γ / -:	Gesamtüberdeckung
$\rho_{ers,C}$ / mm:	Ersatzkrümmungsradius Wälzkreis	$S_{n,C}$ / mm:	Normalzahndicke Wälzkreis	l_{max} / mm:	Max. Berührlinienlänge
x_1, / -:	Profilverschiebungsfaktor Ritzel	b / mm:	Gemeinsame Zahnbreite	$d_{a1/2}$ / mm:	Kopfkreisdurchm.

Bild 5.17: Einfluss der Makrogeometrievariation auf die Kontaktbedingungen

Entsprechend der genannten Vorgehensweise werden die Ergebnisse in Form des dauerfest ertragbaren Ritzelmomentes M_{DF} für eine Ausfallwahrscheinlichkeit P_A = 50 %, sowie die dazugehörige nominelle Flankenpressung σ_{DF} für jeden Variationsparameter und für beide Geometrien dargestellt. **Bild 5.18** zeigt die Ergebnisse zur Variation des Normaleingriffswinkels α_n, des Schrägungswinkels β und der Profilverschiebung am Ritzel x_1*. Der Verlauf des Drehmomentes M_{DF} ist an den Simulationspunkten mit Kreisen und der Verlauf der nominellen Flankenpressung σ_{DF} mit Dreiecken dargestellt.

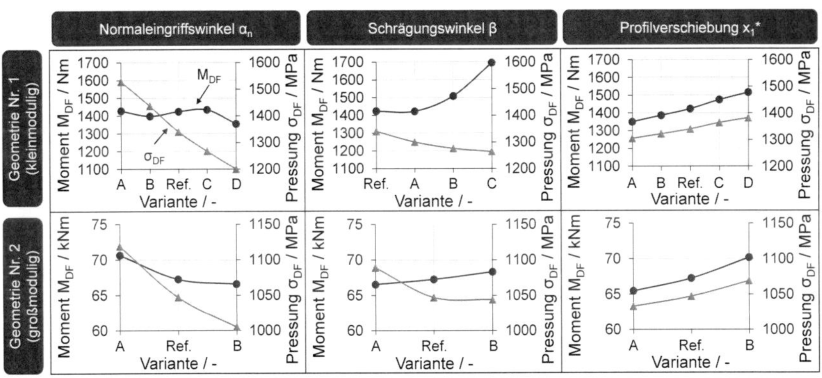

Bild 5.18: Ergebnis der Variantenrechnung, Teil 1

Aufgrund der mit steigendem Normaleingriffswinkel α_n zunehmenden Ersatzkrümmungsradien ρ_{ers} und dem damit verbundenen Anstieg der HERTZ'schen Abplattungsbreite b_H sinkt die Flankenpressung. Im Falle der Grübchentragfähigkeit wäre mit einer konstanten dauerfesten Flankenpressung σ_{DF} und einem steigenden dauerfesten Drehmoment M_{DF} zu rechnen. Die Berechnungen für die Zahnflankenbruchtragfähigkeit zeigen hingegen einen Abfall der dauerfesten Flankenpressung σ_{DF} und ein nahezu konstantes dauerfestes Drehmoment M_{DF}. Dieser Effekt kann auf das größere Volumen unterhalb der HERTZ'schen Pressungsellipse zurückgeführt werden, wodurch große Bereiche des Zahnvolumens hohen Beanspruchungen ausgesetzt sind und sich größere Spannungsbeträge bis in höhere Tiefenlagen erstrecken, obwohl die maximale Flankenpressung abnimmt. Das bedeutet, dass bezüglich der Zahnflankenbruchtragfähigkeit keine Tragfähigkeitssteigerung durch eine Erhöhung des Normaleingriffswinkels α_n erzielt werden kann, was ein gegenläufiger Effekt zur Grübchentragfähigkeit ist.

Mit steigendem Schrägungswinkel β steigt die maximale Berührlinienlänge l_{max} und die Gesamtüberdeckung ε_{γ}, wodurch bei gleicher Flankenpressung höhere Drehmomente übertragen werden können. Gegensätzlich dazu wird ein größeres Zahnvolumen mit steigender Berührlinienlänge l beansprucht. Aus diesem Grund sinkt die dauerfest ertragbare Zahnflankenpressung σ_{DF} für klein- und großmodulige Geometrien leicht ab. Die Reduktion durch die Zunahme des kritisch beanspruchten Zahnvolumens hat jedoch einen im Verhältnis zur Erhöhung von Gesamtüberdeckung ε_{γ} und maximaler Berührlinienlänge l_{max} geringen Einfluss, sodass das dauerfest ertragbare Drehmoment M_{DF} mit steigendem Schrägungswinkel β exponentiell ansteigt. Es muss berücksichtigt werden, dass der exponentielle Anstieg dadurch verursacht wird, dass durch den Anstieg des Schrägungswinkels β ein ganzzahliger Überdeckungssprung bei der kleinmoduligen Geometrie Nr.1 erreicht wird. Eine weitere Steigerung des Schrägungswinkels β führt nicht zu einem weiteren exponentiellen Anstieg des dauerfest übertragbaren Drehmomentes M_{DF}. Wird die Profilverschiebung des Ritzels x_1^* zugunsten einer entgegen gerichteten Profilverschiebung des Rades x_2^* erhöht, steigt die Normalzahndicke S_n des Ritzels im Bereich der unteren Zahnhälfte. Dadurch steigt das Flächenträgheitsmoment in der unteren Zahnhälfte, wodurch die Spannungen in Folge Biegung und Querschub verringert sind. Dieser Effekt führt zu einer Erhöhung der dauerfest ertragbaren Zahnflankenpressung σ_{DF} und des dauerfest ertragbaren Drehmomentes M_{DF}. Es muss berücksichtigt werden, dass die Zahnflankenbruchtragfähigkeit des Gegenrades sinkt, da die Profilverschiebung am Gegenrad x_2^* um den gleichen Betrag reduziert wird.

In **Bild 5.19** sind die Ergebnisse zu den Variationen von Kopfkreisdurchmesser am Ritzel d_{a1}, Kopfkreisdurchmesser am Gegenrad d_{a2} und gemeinsamer Zahnbreite b zusammengefasst. Eine Kopfkürzung des Ritzels d_{a1} führt zu einer Reduktion der Gesamtüberdeckung ε_{γ}, da sich der untere Einzeleingriffsübergang des Ritzels in Richtung des Zahnfußes verschiebt. Außerdem wird die Zahnhöhe im Einzeleingriffsgebiet $h_{B\rightarrow D}$ vergrößert, sodass ein größerer Hebelarm resultiert. Die Berechnungsergebnisse zeigen jedoch, dass sich die geänderten Kontaktbedingungen nicht auf das dauerfest ertragbare Drehmoment M_{DF} auswirken. Unter Berücksichtigung der stochastischen Streuung bleibt das dauerfest übertragbare Drehmoment M_{DF} konstant. Die Ursache für die konstante Zahnflankenbruchtragfähigkeit bei gekürztem Kopfkreisdurchmesser am Ritzel d_{a1} liegt in der Vergrößerung des Einzeleingriffsgebietes in Richtung des

Zahnfußes am Ritzel. Dieser Bereich der Zahnflanke weist einen erhöhten Zahnquerschnitt auf, wodurch die Beanspruchungen infolge Biegung und Querschub trotz steigenden Hebelarmes geringer ausfallen und es trotz hoher Flankenpressung nicht vermehrt zu Brüchen in diesem Bereich der Zahnflanke kommt. Es muss berücksichtigt werden, dass die Zahnflankenbruchtragfähigkeit des Gegenrades sinkt, da das Einzeleingriffsgebiet am Gegenrad in Richtung des Zahnkopfes vergrößert wird und Bereiche der aktiven Zahnflanke mit geringen Zahnquerschnitten kritisch beansprucht werden.

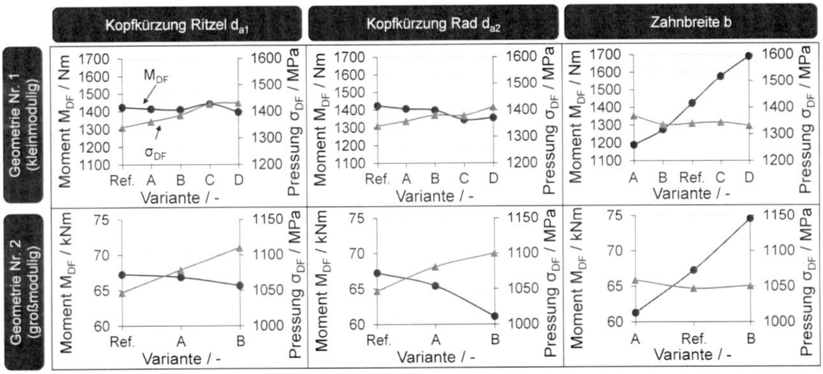

Bild 5.19: Ergebnis der Variantenrechnung, Teil 2

Eine Kopfkürzung am Gegenrad d_{a2} führt analog zur Kopfkürzung des Ritzels d_{a1} zu einer Reduktion der Gesamtüberdeckung ε_{γ}, sowie zu einer Erhöhung der Zahnhöhe im Einzeleingriffsgebiet $h_{B \rightarrow D}$. Bei einer Kopfkürzung des Gegenrades d_{a2} ist im Gegensatz zur Kopfkürzung des Ritzels d_{a1} eine Reduktion des dauerfest ertragbaren Drehmomentes M_{DF} festzustellen. Dieser Effekt ist auf die Vergrößerung des Einzeleingriffsgebietes in Richtung des Zahnkopfes am Ritzel verbunden. Dadurch werden Bereiche der aktiven Zahnflanke mit verringerten Zahnquerschnitten kritisch beansprucht. Verringerte Zahnquerschnitte führen zu einer höheren Beanspruchung infolge Biegung und Querschub.

Eine Erhöhung der gemeinsamen Zahnbreite b führt zu einer Erhöhung der Berührlinienlänge l, sowie für Schrägverzahnungen zu einer Erhöhung der Sprungüberdeckung ε_{β}. Dadurch kann bei gleichbleibender Flankenpressung ein höheres Drehmoment übertragen werden und es steigt das Flächenträgheitsmoment gegenüber Biegung und Querschub. Die Berechnung zeigt, dass die dauerfest ertragbare Flankenpressung für die kleinmodulige Geradverzahnung „Geometrie Nr.1" σ_{DF} mit steigender Zahnbreite b leicht sinkt, Bild 5.19 rechts. Dieser Effekt ist auf das steigende Zahnvolumen zurückzuführen, wodurch die Wahrscheinlichkeit großer Einschlüsse erhöht ist. Für die großmodulige Schrägverzahnung „Geometrie Nr.2" ist dieser Effekt weniger stark ausgeprägt, da mit steigender Zahnbreite b die Gesamtüberdeckung ε_{γ} ansteigt und als Gegengewicht zur Zahnvolumenzunahme tragfähigkeitsfördernd wirkt. Da der Einfluss höherer übertragbarer Drehmomente mit steigender Zahnbreite b gegenüber der Zunahme des Zahnvolumens überwiegt, steigt das dauerfeste Drehmoment $M_{DF,50\%}$ mit linear steigender gemeinsamer Zahnbreite b annähernd linear an.

Aus der Variationsrechnung leiten sich folgende Empfehlungen für die Praxis ab. Weder eine Erhöhung des Normaleingriffswinkels α_n zur Reduktion der HERTZ'schen Pressung, noch eine Reduktion des Normaleingriffswinkels α_n zur Senkung der HERTZ'schen Abplattungsbreite b_H ist zielführend. Als geeignete Kenngröße sollte der Betriebseingriffswinkel α_{wt} herangezogen werden, da auch bei niedrigen Normaleingriffswinkeln α_n hohe Betriebseingriffswinkel α_{wt} bei einer hohen Profilverschiebungssumme $\sum x$ vorliegen können. Insgesamt konnte festgestellt werden, dass weder sehr hohe Betriebseingriffswinkel ($\alpha_{wt} > 21^{\circ}$), noch sehr niedrige Betriebseingriffswinkel ($\alpha_{wt} < 19^{\circ}$) förderlich in Bezug auf die Zahnflankenbruchtragfähigkeit sind. In beiden Fällen wird einer der Beanspruchungsmechanismen (Primärbeanspruchung infolge HERTZ'schem Kontakt oder Sekundärbeanspruchung infolge Biegung und Querschub) erhöht, was die Zahnflankenbruchtragfähigkeit senkt. Eine Erhöhung des Schrägungswinkels β hat einen geringfügig positiven Einfluss auf die Zahnflankenbruchtragfähigkeit. Eine Erhöhung der Profilverschiebung x^* am gegenüber Zahnflankenbruch gefährdeten Zahnrad ist tragfähigkeitsfördernd und sollte bei der Auslegung in Betracht gezogen werden. Es ist zu berücksichtigen, dass die dazu notwendige Reduktion der Profilverschiebung x^* am Gegenrad zu einer geringeren Zahnflankenbruchtragfähigkeit führt. Kopfkürzungen am Ritzel d_{a1} oder am Gegenrad d_{a2} haben keinen Einfluss oder einen negativen Einfluss auf die Zahnflankenbruchtragfähigkeit und sollten vermieden werden. Eine Steigerung der gemeinsamen Zahnbreite stellt ein probates Mittel zur Erhöhung der Tragfähigkeit dar. Hierbei sollte berücksichtigt werden, dass die Zahnflankenbruchtragfähigkeit in geringerem Maße ansteigt als die Grübchentragfähigkeit, da erhöhte Bauteilvolumina zu größeren Fehlstellen führen.

5.5 Fazit

Conclusion

Die von KONOWALCZYK entwickelte Methode zur Berechnung der Zahnflankenbruchtragfähigkeit wurde in Kapitel 5 kritisch reflektiert [KONO18]. Es wurde aufgezeigt, dass die FE-STIRNRADKETTE in der Lage ist, die Spannungstensor-Zeitverläufe in der Werkstofftiefe korrekt zu berechnen und sich Vorteile bei der Verwendung im Vergleich zu kommerzieller FEM-Software ergeben. Weiterhin wurde festgestellt, dass die Paretoverteilung eine bessere Verteilungsfunktion zur Bestimmung der Fehlstellenverteilung darstellt als die Weibullverteilung. Es wurde die Berechnung um die Möglichkeit einer schliffbildbasierten Fehlstellenanalyse erweitert, sodass die Fehlstellenverteilung ohne Vorliegen von Zahnflankenbrüchen berechnet werden kann. Der Ansatz zur Berechnung der Eigenspannungen wurde durch zwei neuere Ansätze ersetzt, welche im Gegensatz zum Ansatz von KONOWALCZYK auf einer großen Basis von Eigenspannungsmessungen beruhen [KONO18, BROE22]. Das Härteprofil kann in der erweiterten Berechnungsmethode mit verschiedenen Ansätzen angenähert werden, wobei der Ansatz nach THOMAS verwendet werden sollte, wenn kein gemessenes Härteprofil vorliegt [THOM98]. In der Vergleichsspannungsberechnung wurde das Defizit bei der Berücksichtigung von Eigenspannungen im kombinierten Last-/Eigenspannungszustand erkannt und durch Anwendung einer erweiterten Form der SIH nach ZENNER/LIU behoben [LIU03].

Die erweiterte Berechnungsmethode konnte an mehreren Verzahnungen aus dem Forschungsumfeld und der industriellen Praxis erfolgreich validiert werden. Hierbei ist hervorzuheben, dass der Einfluss von Fehlstellen bei unterschiedlichen Materialien berücksichtigt werden kann. Ebenso wird der Effekt der Bauteilgröße auf die resultierende Fehlstellengröße korrekt abgebildet, mit der Folge, dass großmodulige Zahnräder tendenziell eher zahnflankenbruchgefährdet sind. Mit der Berechnungsmethode wurde nicht nur das Dauerfestigkeitsniveau korrekt vorhergesagt, sondern auch die Lage der kritischen Rissausgangsorte im Zahnvolumen. Die Gegenüberstellung der aktuell verwendeten Vergleichsspannungsansätze in den Methoden zur Berechnung der Zahnflankenbruchtragfähigkeit an einem Beispiel zeigten auf, dass sich der Ansatz nach ZENNER/LIU zur Beurteilung der Zahnflankenbruchtragfähigkeit eignet [LIU03].

In der Variationsrechnung konnten Einflüsse der Makrogeometrie auf die Zahnflankenbruchtragfähigkeit ermittelt werden. Dazu wurden einzelne Parameter der Makrogeometrie einer Verzahnung kleiner Baugröße (m_n = 3 mm) und einer Verzahnung großer Baugröße (m_n = 11,5 mm) isoliert variiert und der Einfluss auf die Zahnflankenbruchtragfähigkeit quantifiziert. Es wurden Empfehlungen zur Wahl einer gegenüber Zahnflankenbruch robusten Makrogeometrie aufgezeigt.

Mit der erfolgreichen Erweiterung und Validierung der Berechnungsmethode liegt eine Möglichkeit zur Bewertung der lokalen Beanspruchung und Beanspruchbarkeit hinsichtlich Zahnflankenbruch vor. Unabhängig von der Art der äußeren Belastung kann die lokale Anstrengung eines Volumenelementes innerhalb des FE-vernetzten Zahns quantifiziert werden. Damit kann Forschungshypothese 1 verifiziert werden. Die Berechnungsmethode eignet sich nicht nur für den Laufversuch, sondern auch für Belastungsprofile, die in einem Analogieversuch appliziert werden. Voraussetzung dafür ist die separate Berechnung der Spannungstensor-Zeitverläufe bspw. mit kommerzieller FE-Software.

6 Analogieprüfstand für die Schadensart Zahnflankenbruch

Analogy Test Rig for the Damage Pattern Tooth Flank Fracture

Zur Untersuchung der Zahnflankenbruchtragfähigkeit im Analogieversuch wurde, basierend auf den Vorarbeiten von KONOWALCZYK, ein hydraulisches Prüfkonzept mit zwei Aktuatoren entwickelt (WZL-Doppelpulsator), **Bild 6.1** [KONO18]. Der untere Aktuator (Primäraktuator) bildet die Beanspruchung infolge des HERTZ'schen Kontaktes ab und wird im Bereich des unteren Einzeleingriffübergangs positioniert. Der obere Aktuator wird in der Nähe des Zahnkopfes positioniert und bildet die Beanspruchung infolge Biegung und Querschub im Zahnvolumen unterhalb des Primäraktuators ab. Prägen die Aktuatoren zeitversetzt Last auf, so kann die Belastung beim Abwälzen einer Zahnradpaarung im Laufversuch angenähert werden. Kapitel 6.1 beinhaltet die im Vorfeld der Konstruktion durchgeführten Arbeiten zur Ableitung eines Pulsatorkraftprofiles aus der Belastung im Laufversuch. Anschließend werden die Anforderungen an den Analogieprüfstand in Kapitel 6.2 abgeleitet. Der Aufbau und die Funktionsweise des WZL-Doppelpulsators werden in Kapitel 6.3 erläutert. Abschließend wird in Kapitel 6.4 die Inbetriebnahme und Validierung der FE-Simulation mittels Dehnungsmessungen beschrieben.

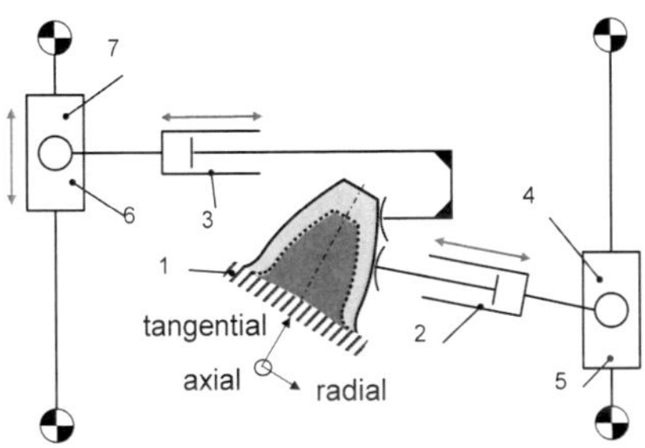

1 Einspannung der Prüfverzahnung
2 Primäraktuator
3 Sekundäraktuator
4 Rotationsachse Primäraktuator
5 Linearführung Primäraktuator
6 Rotationsachse Sekundärachse
7 Linearführung Sekundärachse

Bild 6.1: WZL-Doppelpulsator, Prinzipskizze [KONO18]

6.1 Bestimmung der Aktuatorpositionen und Kraft-Zeit-Verläufe

Evaluation of the Actuator Positions as well as the Load Sequences

Dem Analogiekonzept liegt die Hypothese zugrunde, dass der Beanspruchungszustand eines Volumenelementes identisch ist, insofern der zeitlich veränderliche Spannungszustand aus dem Laufversuch hinreichend genau angenähert wird. Aufbauend auf dieser Hypothese wurden die Zahnflankenbrüche aus der Versuchsreihe von KONOWALCZYK in einem ersten Schritt hinsichtlich ihrer Rissausgangsorte analysiert [KONO18]. **Bild 6.2** zeigt die Zahnflankenbrüche, die von KONOWALCZYK mit den Prüfverzahnungsvarianten A1 und A3 im Laufversuch auf dem Zwei-Wellen-Verspannungsprüfstand mit Achsabstand a = 200 mm erzeugt wurden [KONO18]. Die Charakterisierung der Prüfkörper ist Kapitel 4.3 zu entnehmen. Bei den Prüfkörpern handelte es sich um Zahnsegmente, die drahterosiv aus ungelaufenen oder bereits gelaufenen

Zahnrädern der Versuchscharge herausgetrennt wurden. Sämtliche Rissausgangsorte mit Zahnflankenbruch als Folge wiesen eine Distanz von 9 mm ≤ *z* ≤ 13 mm zum Zahnkopf und eine Tiefenlage von 2 mm ≤ *t* ≤ 3 mm auf. Auf dieser Basis wurde ein „Point of Interest“ (POI) für die Prüfverzahnungsgeometrie definiert, der das Zentrum der Rissausgangsorte aller Versuche im Laufversuch beschreibt und eine Distanz zum Zahnkopf von *z* = 11 mm sowie eine Tiefenlage von *t* = 2,5 mm aufweist, vgl. Bild 6.2 oben rechts.

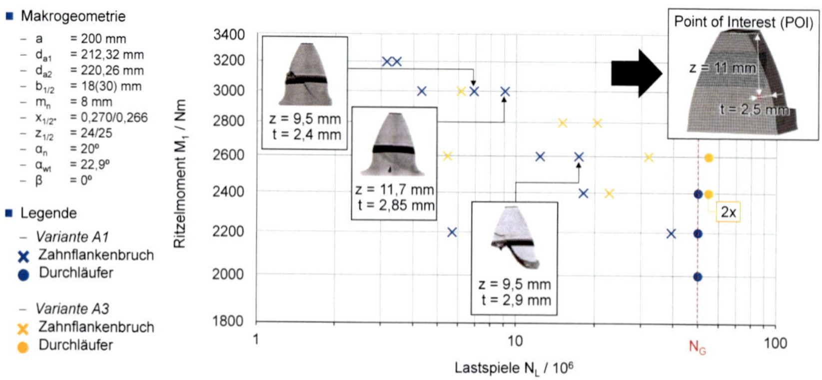

Bild 6.2: Zahnflankenbrüche mit der Prüfverzahnung im Laufversuch [KONO18]

Das Ziel der Pulsatorkraft- und Pulsatorpositionsoptimierung war ein identischer Beanspruchungszustand am POI zwischen Wälzkontakt und Analogiekontakt. Der Beanspruchungszustand wird durch die Spannungstensor-Zeitverläufe und die daraus resultierende lokale Werkstoffanstrengung *A* beschrieben. Die lokale Werkstoffanstrengung *A* wurde mit der vorgestellten Methode zur Zahnflankenbruchtragfähigkeit berechnet (Kapitel 5), wobei die Berechnung der Spannungstensor-Zeitverläufe für Wälz- und Analogiekontakt in der Voll-FEM (ABAQUS CAE) bei identischer Vernetzung der Einzelzähne erfolgte und nicht wie in Kapitel 5 beschrieben, mit der FE-STIRNRADKETTE. Damit im Analogiekontakt die gleiche HERTZ'sche Abplattung b_H vorliegt, wurde der Krümmungsradius ρ der Primäraktuatorbacke identisch zum Krümmungsradius der Gegenflanke gewählt, welcher mit der Berührlinie auf dem Durchmesser des POI in Kontakt ist. Eine detaillierte Beschreibung des Prüfaufbaus mit Primär- und Sekundäraktuator ist Kapitel 6.3 zu entnehmen. Die Materialeigenschaften (Härte, Festigkeiten, Eigenspannungen) der Prüfsegmente wurden für den Lauf- und Analogieversuch als identisch angenommen, da die Prüfkörper drahterosiv den zu untersuchenden Zahnrädern entnommen wurden, vgl. Kapitel 4.3.

Im ersten Schritt wurde eine Variation der Primäraktuatorposition durchgeführt und der Einfluss auf den Beanspruchungszustand am POI analysiert. **Bild 6.3** zeigt zwei unterschiedliche Positionierungen des Primäraktuators. Die Position des Primäraktuators wird als Distanz Δh zum Durchmesser, welcher senkrecht über dem POI auf der Zahnflanke liegt, beschrieben. Dargestellt ist die Spannungsverteilung in der Mitte des

Prüfsegmentes im Stirnschnitt bei maximaler Pulsatorkraft am Primäraktuator. Entsprechend der Verschiebung des Primäraktuators erfährt der POI unterschiedlich hohe Spannungen. Im Ausgangszustand (Δh = 0 mm) ist zu erkennen, dass die höchsten radialen Drucknormalspannungen σ_{rad} unmittelbar in den POI reinstrahlen, da der Primäraktuator über dem POI angesetzt wird. Die tangentialen Drucknormalspannungen σ_{tan} sowie die betragsmäßig höchsten Schubspannungen in der radial/tangentialen Ebene $\tau_{rad/tan}$ strahlen hingegen in das Bauteilvolumen unter dem POI. Bei Verschiebung des Primäraktuators in Richtung des Zahnkopfes wandern die Bereiche hoher tangentialer Drucknormalspannung σ_{tan} und hoher Schubspannung $\tau_{rad/tan}$ in Richtung des POI. Gleichzeitig verschiebt sich der Ort höchster radialer Drucknormalspannung σ_{rad} aus dem POI heraus. Aus diesem Grund muss der Primäraktuator so positioniert werden, dass der POI zwischen den Bereichen höchster radialer Drucknormalspannung σ_{rad}, höchster tangentialer Drucknormalspannung σ_{tan} und höchster Schubspannung in der radial/tangentialen Ebene $\tau_{rad/tan}$ liegt. Zur Bestimmung des optimalen Abstandes wurde die Distanz des Primäraktuators zur Ausgangsposition Δh = 0 mm mit einer Schrittweite von $\Delta h = 0{,}25 \cdot b_H$ berechnet. Der optimale Zustand wird durch eine Verschiebung des Primäraktuators um $\Delta h = 1{,}5 \cdot b_H$ in Richtung des Zahnkopfes erreicht.

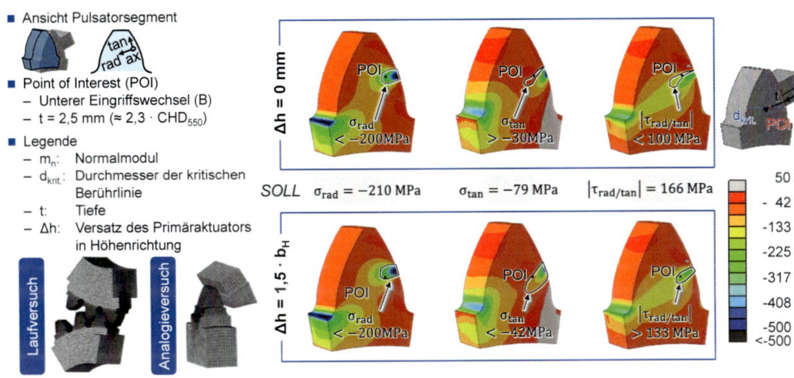

Bild 6.3: Variation der Primäraktuatorposition

Eine Variation der Sekundäraktuatorposition musste nicht durchgeführt werden, da durch den Sekundäraktuator die Beanspruchungen infolge Zahnbiegung und -stauchung am POI induziert werden. Der Sekundäraktuator sollte zur Ausnutzung eines hohen Hebelarmes zwischen Kraftangriffspunkt und POI, sowie zur Vermeidung einer Kollision zwischen Primär- und Sekundäraktuator entsprechend möglichst nah am Zahnkopf positioniert werden.

Im Anschluss an die Variation der Primäraktuatorposition wurde ein automatisches, iteratives Berechnungsverfahren zur Bestimmung der erforderlichen Pulsatorkräfte für ein definiertes Drehmoment aus dem Laufversuch entwickelt, vgl. **Bild 6.4**. Die Erläuterung der Methode ist exemplarisch an den Spannungskomponenten radiale Normalspannung σ_{rad} und tangentiale Normalspannung σ_{tan} gezeigt. Der Laufversuch bzw. der reale Zahnkontakt wurde durch einen quasistatischen Abwälzvorgang realisiert. Die Zielgröße war der Spannungstensor-Zeitverlauf des simulierten Zahnkontaktes im POI, vgl. Bild 6.4 oben rechts. Im ersten Schritt der Berechnung erfolgte eine getrennte Belastung des Zahnsegmentes durch den Primäraktuator und den Sekundäraktuator mit diskreten Kräften im Leistungsbereich der Aktuatoren, vgl. Bild 6.4 oben mittig. Das Ergebnis der initialen Belastung waren Spannungstensoren im POI in Abhängigkeit der simulierten Lastniveaus. Aus dem Zusammenhang zwischen den Pulsatorkräften und dem resultierenden Spannungstensor am POI konnten sämtliche Spannungen am POI zu jeder beliebigen Kraft innerhalb der Kräfterampe aus der Initialbelastung interpoliert werden. Prägen Primäraktuator und Sekundäraktuator zeitgleich Kraft auf, können die resultierenden Spannungen am POI superponiert werden. Die Optimierung des Kraft-Zeit-Verlaufes erfolgte anschließend auf Basis einer quadratischen Minimierung zwischen dem geforderten Spannungsbetrag des Laufversuches (LV) und den hervorgerufenen Spannungsbeträgen im Analogieversuch (sek.: sekundär, prim.: primär) für jede Spannungskomponente. Der Optimierungsalgorithmus greift auf die ermittelten Interpolationsfunktionen zurück und iteriert die Pulsatorkräfte, bis die quadratischen Minimierungsfunktionen den kleinstmöglichen Wert erreichen.

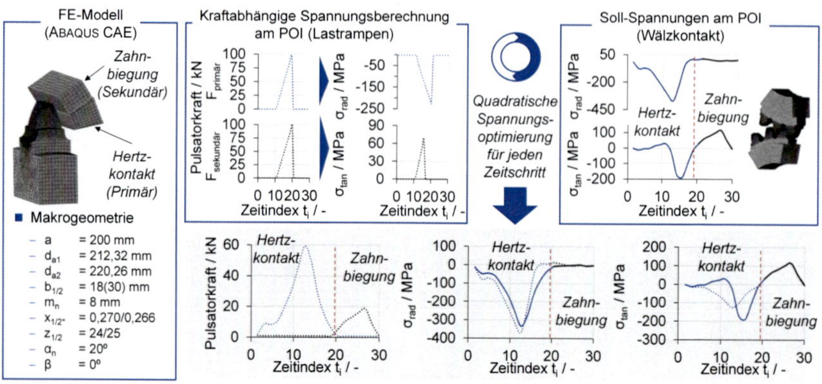

Bild 6.4: Methode zur Ermittlung der Pulsatorkraftprofile

Die Beanspruchung infolge des HERTZ'schen Kontaktes wurde durch zwei Optimierungsfunktionen abgebildet. Der Beanspruchungsverlauf vom Beginn der Belastung bis zum Minimum der radialen Normalspannung σ_{rad} (Höchste Druckbeanspruchung in radialer Richtung) wurde nach **Formel (6.1)** optimiert. Die radiale Normalspannung σ_{rad} musste im Vergleich zur Schubspannung $\tau_{rad/tan}$ mit dem Faktor 3 höher gewichtet werden, damit der radiale Normalspannungsbetrag aus dem Laufversuch erreicht wird. Die tangentiale Normalspannungskomponente σ_{tan} wurde in der initialen Belastungsphase bei der Optimierung vernachlässigt, da ihr Druckspannungsmaximum im Laufversuch zeitlich nach den Spannungsmaxima der radialen Normalspannung σ_{rad} und der Schubspannung $\tau_{rad/tan}$ wirkt. Eine Berücksichtigung der tangentialen Normalspannung σ_{tan} in der ersten Phase würde zu niedrigeren Pulsatorkräften F führen, wodurch die Spannungsbeträge für die Zielgrößen (σ_{rad} und $\tau_{rad/tan}$) nicht erreicht werden würden. Die axiale Normalspannung σ_{ax} wurde bei allen Optimierungsfunktionen vernachlässigt, da sie infolge der Querkontraktion mit den anderen Normalspannungskomponenten zusammenhängt und eine Berücksichtigung in der Optimierung redundant wäre. Die Schubspannungen in der axialen Ebene $\tau_{rad/ax}$ und $\tau_{tan/ax}$ konnten für die untersuchte Geradverzahnung als vernachlässigbar klein angenommen werden und wurden in den Optimierungsfunktionen ebenfalls nicht berücksichtigt.

$$F = 3 \cdot \left(\sigma_{rad,LV} - \sigma_{rad,sek} - \sigma_{rad,prim}\right)^2 + \left(\tau_{rad/tan,LV} - \tau_{rad/tan,sek} - \tau_{rad/tan,prim}\right)^2 \quad (6.1)$$

Im Bereich zwischen dem Minimum der radialen Normalspannung σ_{rad} und dem Nulldurchgang der tangentialen Normalspannung σ_{tan} wurde nach **Formel (6.2)** optimiert. Durch das zeitlich aufeinanderfolgende Wirken der Spannungsmaxima im Laufversuch (infolge wandernder Kraftaufprägung) und das zeitgleiche Wirken der Spannungsmaxima im Analogieversuch (infolge ortsfester Kraftaufprägung) ist die Abbildungsgüte in diesem Bereich am niedrigsten. Aus diesem Grund mussten die meisten Spannungskomponenten in der Optimierungsfunktion berücksichtigt werden, um die Abweichungen zwischen Lauf- und Analogiebelastung gering zu halten.

$$F = \left(\sigma_{rad,LV} - \sigma_{rad,sek.} - \sigma_{rad,prim.}\right)^2 + \left(\sigma_{tan,LV} - \sigma_{tan,sek.} - \sigma_{tan,prim.}\right)^2 + \left(\tau_{rad/tan,LV} - \tau_{rad/tan,sek.} - \tau_{rad/tan,prim.}\right)^2 \quad (6.2)$$

Die ersten beiden Optimierungsalgorithmen liefern Pulsatorkraft-Zeitverläufe und deren zugehörige Spannungstensoren für den HERTZ'schen Kontakt. Die Vorgehensweise zur Optimierung der Spannungen infolge Zahnbiegung war analog zur Optimierung des HERTZ'schen Kontaktes, wobei die quadratische Minimierungsfunktion lediglich auf der tangentialen Normalspannung basierte, **Formel (6.3)**. Im letzten Schritt wurden die Pulsatorkraft- und Spannungstensor-Zeitverläufe der drei Optimierungsfunktionen zusammengeführt.

$$F = \left(\sigma_{tan,LV} - \sigma_{tan,sek.} - \sigma_{tan,prim.}\right)^2 \quad (6.3)$$

Die Verifizierung der ermittelten Spannungstensor-Zeit-Verläufe erfolgte durch eine nachgelagerte FE-Simulation mit den errechneten Pulsatorkraft-Zeitverläufen und anschließendem Vergleich mit der Simulation des Laufversuches. **Bild 6.5** zeigt die Gegenüberstellung der Spannungs-Zeitverläufe zwischen Analogie- und Laufversuch am POI für die untersuchte Prüfverzahnungsgeometrie mit Normalmodul m_n = 8 mm und Zähnezahl z_1 = 24 bei einem Ritzeldrehmoment M_1 = 3500 Nm.

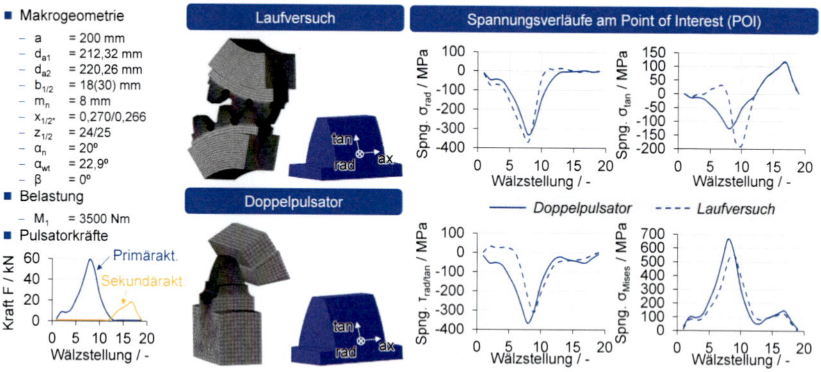

Bild 6.5: Gegenüberstellung der Spannungs-Zeit-Verläufe

Die maximal erforderlichen Pulsatorkräfte zur Erreichung einer äquivalenten Beanspruchung betragen $F_{prim,max}$ = -59,3 kN für den Primäraktuator und $F_{sek,max}$ = 18,5 kN für den Sekundäraktuator, Bild 6.5 unten links. Die Gegenüberstellung der Spannungs-Zeitverläufe zwischen Lauf- und Analogieversuch zeigt eine qualitativ hohe Korrelation nach Optimierung der Primäraktuatorposition sowie der Pulsatorkraft-Zeitverläufe. Es wird sowohl die Abfolge der Beanspruchung (Druck in radialer und tangentialer Richtung, anschließend Zug in tangentialer Richtung), als auch die Höhe der Beanspruchung mit Ausnahme der tangentialen Drucknormalspannung erreicht oder übertroffen. Würde der Primäraktuator weiter in Richtung des Zahnkopfes verschoben werden, könnte eine höhere Übereinstimmung der Spannungskomponente σ_{tan} zu Lasten der Spannungskomponenten σ_{rad} und $\tau_{rad/tan}$ erzielt werden. Dies ist auf die zu Beginn des Kapitels erwähnte Verschiebung des Primäraktuators in Zahnhöhenrichtung zurückzuführen, in deren Folge verschiedene Spannungskomponenten in den POI reinstrahlen. Bild 6.5, unten rechts zeigt zusätzlich den Spannungs-Zeitverlauf der von Mises Vergleichsspannung. Die von Mises Vergleichsspannung beschreibt den deviatorischen Anteil des Spannungstensors, der zu einer Formänderung des Volumens führt und wird häufig bei der Bewertung der Beanspruchung zäher Werkstoffe angewendet [HAIB06]. Da hier ebenfalls eine hohe Korrelation zwischen Lauf- und Analogieversuch vorliegt, wird trotz des zeitgleichen Wirkens der Spannungsmaxima im Analogieversuch und der Abweichung einzelner Spannungsmaxima vom Laufversuch von einer hohen Beanspruchung des Volumens am POI ausgegangen werden, was als Voraussetzung für einen Schadenseintritt angenommen wird.

6.2 Anforderungsableitung

Derivation of Requirements

Um sowohl die im Forschungsumfeld etablierte Geradverzahnung mit Modul m_n = 8 mm und den Zähnezahlen $z_{1/2}$ = 24/25, als auch großmodulige Schrägverzahnungen aus der industriellen Praxis testen zu können, wurden makrogeometrische

Randbedingungen an die Verzahnungsgeometrie potenzieller Prüflinge gestellt. Darauf aufbauend wurden „Grenzfälle" in der Verzahnungsauslegung definiert und die Anforderungen an den Analogieprüfstand abgeleitet. Außerdem wurde auf Basis der Simulationsergebnisse aus Kapitel 6.1 ein Anforderungsprofil für die Aktuatoren hinsichtlich Kraft und Weg abgeleitet. **Bild 6.6** zeigt die Übersicht der Anforderungen an den Analogieprüfstand. In der schematischen Skizze links sind die Freiheitsgrade (Linear- und Rotationsachsen) der jeweiligen Aktuatoren dargestellt. Sämtliche Freiheitsgrade (ausgenommen der translatorischen Freiheitsgrade beider Aktuatoren entlang ihrer Kolbenachsen) dienen der initialen Ausrichtung der Aktuatoren und sind während des Prüfbetriebes arretiert. Folglich sind beide Aktuatoren im dynamischen Betrieb ortsfest positioniert und belasten das Prüfsegment zyklisch mit Druck.

Die makrogeometrischen Randbedingungen werden im Wesentlichen durch Normalmodul m_n, Schrägungswinkel β, Normaleingriffswinkel α_n und Profilverschiebung x beeinflusst. Um die Grenzen des Analogieprüfstandes abzuleiten, wurden drei geometrische Grenzfälle definiert, bei denen eine experimentelle Prüfbarkeit gewährleistet sein muss. Die untere Grenze der Prüfbarkeit stellt die Geometrie der Prüfverzahnung aus dem Forschungsumfeld mit Modul m_n = 8 mm dar, welche auch in der vorliegenden Arbeit als Prüfgeometrie eingesetzt wurde, vgl. Kapitel 4.3. Als Obergrenze wurden zwei Verzahnungsvarianten mit dem Normalmodul m_n = 15 mm definiert. Die maximale Prüfsegmentbreite wurde mit b_{max} = 60 mm angenommen, wobei sich die Auslegung der Prüfsegmentbreite nicht aus den geometrischen Restriktionen des Prüfstandes ergibt, sondern aus der maximalen Prüfkraft des Hydrauliksystems.

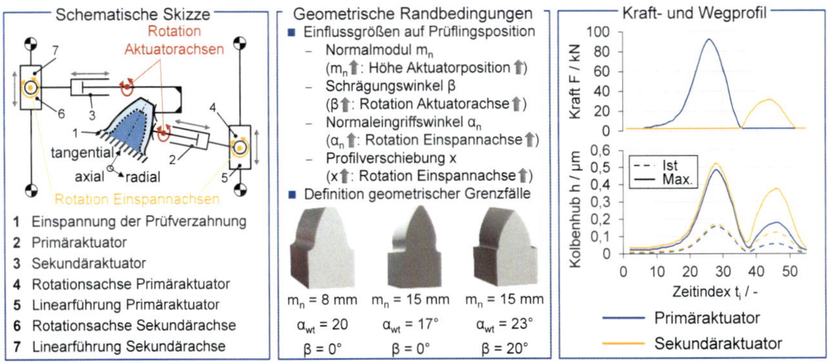

Bild 6.6: Randbedingungen und Prüfstandsanforderungen

Zur Definition der Kraft- und Weggrenzen wurde die in Kapitel 6.1 vorgestellte Pulsatorkraftoptimierung für eine Praxisverzahnung aus dem Bereich Windenergie angewendet [GOER19]. Die Makrogeometrie der Verzahnung lag an der Obergrenze der geometrischen Randbedingungen. Die resultierenden Kraft- und Wegprofile der beiden Aktuatoren sind auf der rechten Seite in Bild 6.6 dargestellt. Die maximale Kraft des Primäraktuators zur Erzeugung von Zahnflankenbrüchen bei der simulierten Praxisverzahnung betrug F_{prim} = 93 kN und die maximale Kraft des Sekundäraktuators F_{sek} = 32 kN. Bei der Wahl des Primäraktuators wurden unter Berücksichtigung des zur Verfügung stehenden Bauraumes und der verfügbaren Aktuatoren nur geringe Prüfstandsreserven berücksichtigt, sodass die geforderte Maximalkraft des Primäraktuators zu $F_{prim,max}$ = 100 kN definiert wurde. Bei der Maximalkraft des Sekundäraktuators konnte bauraumtechnisch eine erhöhte Reserve vorgesehen werden und die Maximalkraft wurde zu $F_{sek,max}$ = 60 kN definiert. Die im Wegprofil dargestellten Verläufe zeigen den Kolbenhub bei der Simulation mit dem gezeigten Pulsator-Kraftprofil, Bild 6.6 rechts. Die gestrichelten Linien repräsentieren den tatsächlichen Hub infolge der Zahnverformung unter Last. Der Weg liegt für beide Aktuatoren bei $h \approx 180$ µm. Um ein Abheben der Pulsatorbacken im Prüflauf zu verhindern, wird das System vorgespannt. Aufgrund dessen folgen Primär- und Sekundäraktuator der Zahnverformung in beiden Beanspruchungssituationen (HERTZ'scher Kontakt und Zahnbiegung). Die durchgezogenen Linien definieren den maximalen Weg, der von den Aktuatoren gefordert wird. Dieser entspricht dem 3-fachen des berechneten Weges der simulierten Praxisverzahnung und wurde als Grenzfall für Prüfsegmente mit geringer Steifigkeit angenommen. Entsprechend wurde der maximale dynamische Weg zu h_{max} = 600 µm definiert.

Die Positionierung der Aktuatorspitzen (primäre Pulsatorbacke, sekundäre Pulsatorbacke) erfolgte nach den Ergebnissen aus Kapitel 6.1. Um eine exakte Positionierung der Aktuatoren zu ermöglichen, wurden für jeden Aktuator vordere und hintere Führungen vorgesehen. Eine detaillierte Beschreibung der Positionierung folgt in Kapitel 6.3. Die Positionsgenauigkeit der primären Pulsatorbacke wurde in die Richtungen normal zur Zahnflanke (radiale Richtung) und tangential zur Zahnflanke (tangentiale Richtung) unterteilt, wobei die Abweichung in radiale Richtung durch den Kolbenhub ausgeglichen werden kann. Die maximal tolerierte Positionsabweichung Δx_{tan} in tangentialer Richtung wurde auf Basis der halben HERTZ'schen Abplattungsbreite der kleinsten Prüfverzahnung (m_n = 8 mm, $z_{1/2}$ = 24/25) festgelegt, vgl. Kapitel 4.3. In den experimentellen Laufversuchen von KONOWALCZYK traten an dieser Prüfverzahnung erste Zahnflankenbrüche bei einer nominellen Flankenpressung von σ_{H0} = 1460 MPa auf, vgl. Bild 6.2 [KONO18]. Dies entspricht einer halben HERTZ'schen Abplattungsbreite von b_H = 0,43 mm. Bei einer Abweichung der primären Pulsatorbacke um den Betrag der halben HERTZ'schen Abplattungsbreite b_H wird der Bereich am POI weiterhin durch die Druckspannungen, die sich unter der Pressungsellipse ausbilden, beansprucht. Entsprechend wurde in Anlehnung an das niedrigste zahnflankenbruchkritische Lastniveau der Prüfverzahnung (σ_{H0} = 1460 MPa) die maximal tolerierte Abweichung in tangentialer Richtung zu Δx_{tan} = 0,4 mm definiert. **Bild 6.7** zeigt auf der linken Seite exemplarisch die Positionsabweichung für die primäre Pulsatorbacke in Abhängigkeit einer fehlerhaften Einstellung der hinteren und vorderen Führung des Aktuators.

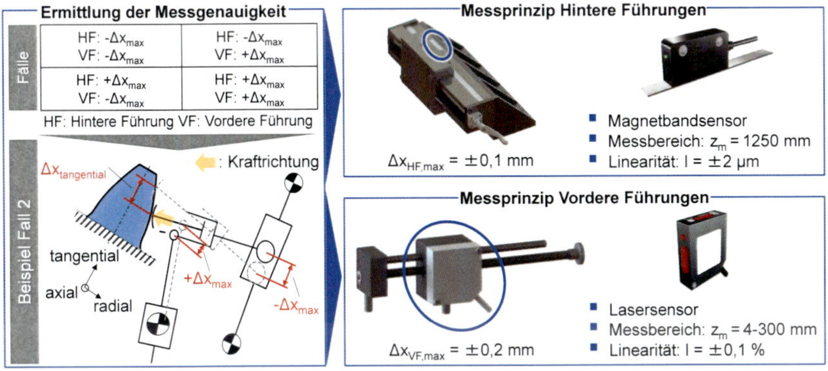

Bild 6.7: Nachweis der Positionsgenauigkeit

Die Darstellung ist für einen der vier tabellarisch aufgeführten Abweichungsfälle dargestellt (Hintere Führung: $-\Delta x_{max}$, Vordere Führung: $+\Delta x_{max}$). Die Fälle wurden aus den unteren und oberen Toleranzgrenzen beider Aufnahmen zusammengesetzt. Die Abweichungsbeträge wurden für jeden der vier Fälle iteriert, bis eine Abweichung $x_{tan} \leq 0{,}4$ mm am Prüfsegment vorlag. Die ermittelten Messgenauigkeiten betrugen $\Delta x_{HF,max} = \pm 0{,}1$ mm für die hinteren Führungen und $\Delta x_{VF,max} = \pm 0{,}1$ mm für die vorderen Führungen. Als geeignetes Messprinzip kam für die hinteren Führungen ein Magnetbandsensor mit einem Messbereich von $z_m = 1250$ mm und einer Linearität von $l = \pm 2$ µm in Frage. Die Messvorrichtung zur Einstellung der vorderen Führungen konnte mit einem Lasersensor auf Triangulationsbasis mit einem Messbereich von $z_m = 4\text{-}300$ mm und einer Linearität von $l = 0{,}1\%$ ausgestattet werden.

6.3 Aufbau, Funktionsweise und Festigkeitsnachweis

Structure, Function and Strength Verification

Die Konstruktion des Analogieprüfstandes erfolgte nach VDI 2221 [VDI93]. Das Gesamtkonzept besteht, angelehnt an die Vorarbeiten von KONOWALCZYK, aus einem Hydrauliksystem mit zwei angeschlossenen Aktuatoren, die zeitversetzt betätigt werden [KONO18]. Das Prüfsystem ist liegend auf einem Maschinenbett angeordnet, vgl. **Bild 6.8**. Die Größe des Maschinenbettes beträgt $L \times T = 3000$ mm x 1000 mm. Der Primäraktuator ist als Druckaktuator mit einer dynamischen Maximalkraft $F_{prim,max} = -80$ kN und der Sekundäraktuator als Zugaktuator mit einer dynamischen Maximalkraft $F_{sek,max} = 53$ kN ausgeführt. Aufgrund der Bauraumbeschränkung und der zur Verfügung stehenden Kühlleistung konnte die geforderte Kraft von $F_{prim,max} = -100$ kN am Primäraktuator nicht erreicht werden.

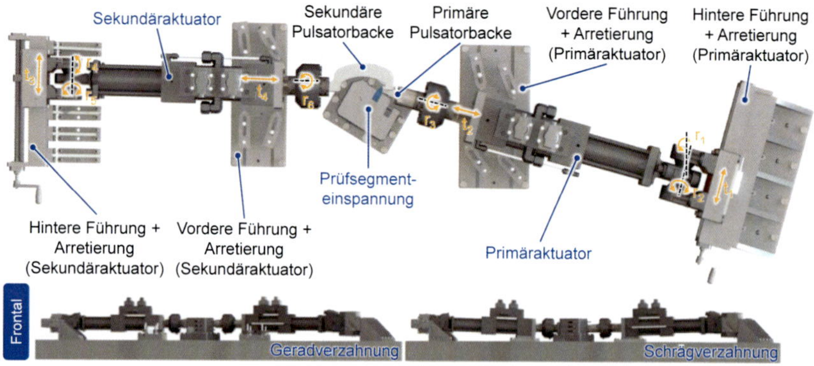

Bild 6.8: CAD-Modell des Analogieprüfstandes (ausgenommen Druckspeicher)

Für die in dieser Arbeit untersuchte Prüfverzahnung mit Normalmodul m_n = 8 mm reichen die dynamischen Maximalkräfte der beiden Aktuatoren aus. Beide Aktuatoren haben an der hinteren Führung/Arretierung einen translatorischen Freiheitsgrad, sowie zwei rotatorische Freiheitsgrade. Der translatorische Freiheitsgrad (Primäraktuator: t_1, Sekundäraktuator: t_3) in Kombination mit dem rotatorischen Freiheitsgrad um die Einspannachse senkrecht zum Maschinenbett (Primäraktuator: r_1, Sekundäraktuator: r_4) ermöglicht die Positionierung normal zur Zahnflanke bei veränderlichem Normalmodul m_n, veränderlicher Profilverschiebung x und/oder veränderlichem Normaleingriffswinkel α_n. Die Krafteinleitung erfolgt translatorisch über den Kolbenhub (Primäraktuator: t_2, Sekundäraktuator: t_4). Die Rotation des Aktuators an der hinteren Führung/Arretierung über die Einspannachse parallel zum Maschinenbett (Primäraktuator: r_2, Sekundäraktuator: r_5) ermöglicht die Positionierung normal zur Zahnflanke bei Schrägverzahnungen. Dies ist erforderlich, da der Schrägungswinkel β über der Zahnhöhe veränderlich ist, vgl. Bild 6.8, „Frontal". Wird eine Schrägverzahnung im Analogieprüfstand untersucht, werden die Aktuatoren in Richtung des Maschinentisches oder vom Maschinentisch weg geneigt und arretiert. Zur Einstellung einer schrägen Kontaktlinie auf der Zahnflanke kann der Aktuator um seine Kolbenachse rotiert werden (Primäraktuator: r_3, Sekundäraktuator: r_6). Im Prüfbetrieb sind die beschriebenen Freiheitsgrade (ausgenommen der translatorischen Freiheitsgrade der Aktuatoren entlang ihrer Kolbenachsen t_2 und t_4) arretiert. Die zyklische Druckbelastung wird ortsfest aufgeprägt. Die primäre Pulsatorbacke, welche zur Aufbringung des HERTZ'schen Kontaktes auf der Zahnflanke positioniert wird, ist aus vergütetem Werkzeugstahl gefertigt. Die sekundäre Pulsatorbacke besteht aus einer C-förmigen Montageklammer sowie einer Pulsatorspitze, die mit Schrauben an der Montageklammer befestigt wird und ebenfalls aus vergütetem Werkzeugstahl gefertigt wird.

Die hintere Führung und Arretierung von Primär- und Sekundäraktuator gewährleistet die Ausrichtung der Aktuatoren im belastungsfreien Zustand. Unter Last wird sie arretiert, nimmt die dynamischen Kräfte des Belastungsprofils auf und leitet sie in das Maschinenbett ab. Zur Einstellung der korrekten Position sind die hinteren Führungen mit

Magnetbandsensoren ausgestattet. Die Kräfte werden über Stützrippen in das Maschinenbett geführt. Die Aufnahme des Sekundäraktuators enthält zwei Stützrippen an den Außenseiten der Führung. Weitere Stützrippen werden individuell in Abhängigkeit der Aktuatorposition ergänzt. Die rotatorischen Freiheitsgrade senkrecht und parallel zum Maschinenbett (vgl. Bild 6.8: Primäraktuator: $r_{1/2}$, Sekundäraktuator: $r_{4/5}$) werden über eine sphärische Lagerung realisiert. Nach der initialen Positionierung und Arretierung der hinteren translatorischen Führungen ist der Aktuator frei beweglich auf einer Kreisbahn um die Einspannachse senkrecht zum Maschinenbett. Diese Einspannachse definiert den Winkel des Aktuators und wird über eine mobile Messvorrichtung eingestellt, **Bild 6.9**, links unten. Die Messvorrichtung wird mit dem Schlitten der vorderen Aufnahme über Passstifte fixiert. Anschließend wird die Position über den in der Messvorrichtung gemessenen Abstand eingestellt. Die Messvorrichtung kann zur Ausrichtung beider Aktuatoren verwendet werden.

Um zu gewährleisten, dass eine Vielzahl an Prüfsegmenten einer Verzahnungsgeometrie unter gleichen Belastungsbedingungen getestet wird, muss die Einspannsituation unverändert bleiben. Die Aktuatoren bzw. die Pulsatorbacken werden nach einer initialen Positionierung zu Beginn einer Versuchsreihe (Untersuchung einer einzelnen Verzahnungsgeometrie) arretiert und im weiteren Verlauf der Versuchsreihe nicht neu ausgerichtet. Der Wechsel eines Prüfsegmentes ist für jeden neuen Versuch notwendig. Jedes Prüfsegment inklusive eines quaderförmigen Radkörpersegmentes wird mittels Drahterosion aus dem Zahnrad getrennt. Die Einspannung erfolgt über Schrauben, welche die rechte Einspannbacke gegen das Prüfsegment drücken und so eine kraftschlüssige Verbindung herstellen.

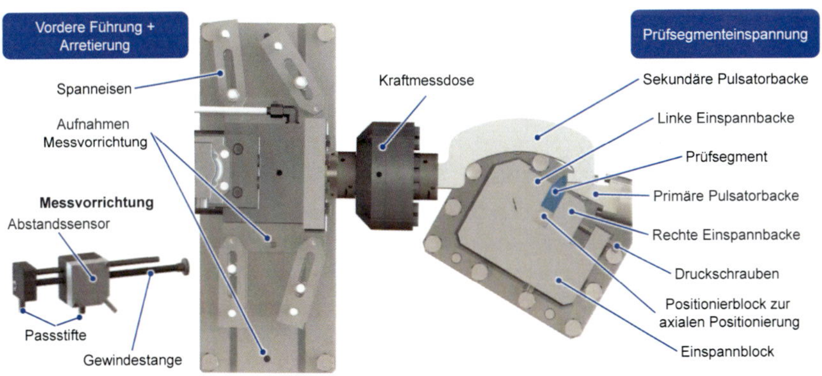

Bild 6.9: Nahaufnahme Prüfsegmentaufnahme und vordere Führung

Der Dauerfestigkeitsnachweis der kritischen Komponenten erfolgte nach der FKM-Richtlinie [FKM03]. Zur Ermittlung der Spannungen wurden FE-Berechnungen im CAD-Modell durchgeführt. Grundlage der Beanspruchungsberechnung in der FKM waren die Mittel- und Ausschlagsspannungen der Hauptspannungen in allen Raumrichtungen, sowie der Vergleichsspannung nach VON MISES. Der Ermittlung der Mittel-

und Ausschlagsspannungen lagen die Spannungen des Prüfsystems unter Vorspannung und bei maximaler, statischer Belastung ($F_{prim.}$ = 100 kN, $F_{sek.}$ = 67 kN) zu Grunde. Als kritische Bauteile wurden die hintere Aufnahme des Sekundäraktuators und die Montageklammer am Sekundäraktuator identifiziert, siehe **Bild 6.10**. Bei der hinteren Aufnahme liegt die höchste Beanspruchung an der Schließleiste zwischen Schlitten und Führungsschiene vor. Über die Flächen der Schließleisten wird die Kraft am Sekundäraktuator vom Schlitten in die Führungsschiene geleitet und es bildet sich ein Druckbeanspruchungszustand aus. Die maximale Vergleichsspannung nach VON MISES beträgt $\sigma_{v,max}$ = 170 MPa und die betragsmäßig maximale Hauptspannung σ_{III} = -223 MPa. Die Montageklammer wird in der Kerbe oberhalb der Schraubverbindung zum Kolben am höchsten beansprucht. In der Kerbe entsteht durch die Verformung der Montageklammer in Richtung des Zahnkopfes ein Zugbeanspruchungszustand. Die maximale Vergleichsspannung nach VON MISES beträgt $\sigma_{v,max}$ = 196 MPa und die maximale Hauptspannung σ_I = 216 MPa. Aufgrund der hohen Beanspruchungen beider Komponenten wird als Werkstoff der Vergütungsstahl 1.7225 (42CrMo4 vergütet) ausgewählt. Die hochbeanspruchten Flächen sind ungeschliffen und weisen eine mittlere Rautiefe Rz = 20 µm auf. Es ergibt sich eine Sicherheit von S = 2,03 für die Schließleiste der hinteren Aufnahme und S = 2,10 für die Montageklammer. Damit kann eine ausreichend hohe Sicherheit der Bauteile unter dynamischer Volllast gewährleistet werden. Die Berechnung erfolgte unter konservativen Annahmen in der FKM (Wahrscheinlichkeit des Auftretens: hoch, Schadensfolge: hoch, Regelmäßige Inspektion: nein) [FKM03].

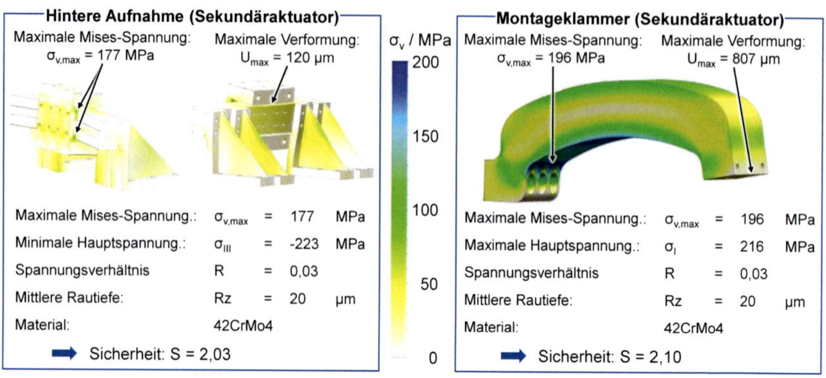

Bild 6.10: Nachweis der Dauerfestigkeit nach FKM [FKM03]

Unter Maximallast wird eine Verformung der Komponenten hervorgerufen, die die Position der Aktuatorspitzen unter Last beeinflusst. Die Führungsschiene erfährt zwischen den Stützrippen eine Durchbiegung, was zu einer maximalen Verformung von U_{max} = 120 µm der hinteren Aufnahme führt. Die Montageklammer wird gestreckt und in Richtung des Zahnsegmentkopfes verformt. Daraus resultiert eine maximale Verformung von U_{max} = 807 µm, wovon U_{tan} = 735 µm Verformung tangential zur Zahnflanke auftritt und die Position der Aktuatorspitze auf der Zahnflanke beeinflusst. Durch die

Verformung ist von einer Erhöhung der Beanspruchung am POI auszugehen, da die Verformung zu einer Vergrößerung des Hebelarmes zwischen Kraftangriffspunkt und POI führt und die Spannungen am POI entsprechend erhöht werden. In zukünftigen Arbeiten soll eine topologische Optimierung der Montageklammer durchgeführt werden, um die Verformung unter Last zu minimieren. Eine hohe Verformung im Prüfaufbau führt zu einer schlechteren Regelbarkeit des Systems in der Kraftregelung und sollte nach Möglichkeit vermieden werden.

Das hydraulische Prüfsystem besteht aus einem Hydraulikaggregat, einem hydraulischen Verteiler, zwei Aktuatoren und einem Steuerrechner. Das Hydraulikaggregat arbeitet mit einem Betriebsdruck p = 210 bar und einem Volumenstrom $\dot{V}$ = 100,7 l/min. Über den hydraulischen Verteiler werden beide Aktuatoren mit dem Aggregat verbunden und über Ventile druckbeaufschlagt. Die Aktuatoren enthalten zur Erreichung hoher Prüffrequenzen zusätzlich Druckspeicher und sind über eine Kolbenhublänge von h = 150 mm verfahrbar. Der Prüfstand ist auf einem luftgefederten Maschinentisch aufgebaut. Auf diese Weise wird das Niveau der Maschinenplatte geregelt und es wird eine Übertragung der Schwingungen unterdrückt. Der Kühlkreislauf des Prüfsystems ist aufgrund der Empfindlichkeit gegenüber Schmutz und Oxidation vom Kühlkreislauf des Labors getrennt und arbeitet mit eine Glycolgemisch. Die Wärmeabfuhr in den Kühlkreislauf des Labors erfolgt über einen Plattenwärmetauscher. **Bild 6.11** liefert eine Gesamtübersicht des Analogieprüfstandes.

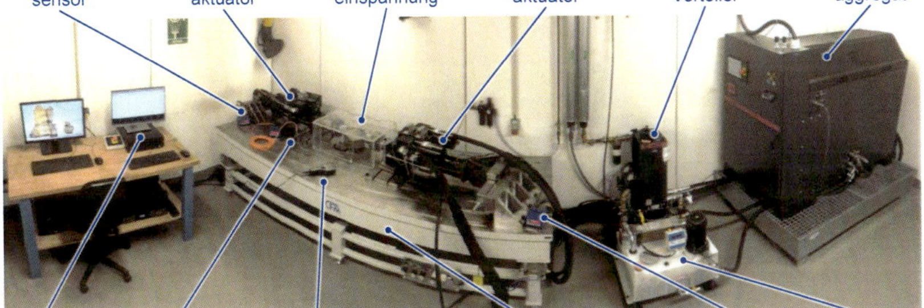

Bild 6.11: WZL-Doppelpulsator in der Gesamtansicht

6.4 Inbetriebnahme und Validierung der FE-Simulation

Commissioning and Validation of FE-Simulation

Positions- und Winkelkalibrierung

Ein gleicher Beanspruchungszustand zwischen Berechnung und Versuch setzt voraus, dass die Position der Pulsatorbacken im Versuch der Position in der Berechnung entspricht. Um dies zu gewährleisten, müssen die Messsysteme an den Linear- und

Rotationsachsen hinreichend genau sein. Die zulässige Positionsabweichung in Profilrichtung der Zahnflanke entspricht Δx_{max} = 0,4 mm, vgl. Kapitel 6.3. In Bezug auf die zu untersuchende Prüfverzahnung entspricht dies der halben HERTZ'schen Abplattungsbreite b_H beim niedrigsten Lasthorizont, bei dem erste Zahnflankenbrüche im Laufversuch aufgetreten sind. Die Definition der zulässigen Winkelabweichung $\Delta\varphi_{max}$ resultiert aus der Querkrafteinleitung bei nicht senkrechter Position der Pulsatorbacken auf der Zahnflanke, welche über die Lagerung der Kolben abgeführt wird. Die zulässige Querkraft auf die hydrostatisch gelagerten Kolben beträgt für den Primäraktuator $F_{Q,max,prim}$ = 6,1 kN und für den Sekundäraktuator $F_{Q,max,sek}$ = 5,2 kN. Daraus resultieren bei einer maximalen dynamischen Kraft des Primäraktuators von $F_{max,prim}$ = -80 kN und des Sekundäraktuators von $F_{max,sek}$ = 53 kN maximal tolerierte Winkelabweichungen von $\Delta\varphi_{max,prim} = 4{,}44^\circ$ bzw. $\Delta\varphi_{max,sek} = 5{,}52^\circ$. Es muss außerdem berücksichtigt werden, dass sich der Zahn unter Last verformt und eine Querkraft infolge der geänderten Krafteinleitung induziert wird. Die infolge der Zahnverformung resultierende Winkelabweichung konnte rechnerisch im FE-Modell abgeschätzt werden und beträgt bei maximaler dynamischer Kraft für den Primäraktuator $\Delta\varphi_{Biegung,prim} = 0{,}13^\circ$ und für den Sekundäraktuator $\Delta\varphi_{Biegung,sek} = 2{,}36^\circ$. Entsprechend ergaben sich die zulässigen Abweichungen infolge einer fehlerhaften Ausrichtung von Primär- und Sekundäraktuator zu $\Delta\varphi_{max,prim} = 4{,}44^\circ\text{-}0{,}13^\circ = 4{,}31^\circ$ bzw. $\Delta\varphi_{max,sek} = 5{,}52^\circ\text{-}2{,}36^\circ = 3{,}16^\circ$. Damit ist eine fehlerhafte Ausrichtung am Sekundäraktuator als kritischer anzusehen und es wurde unter Berücksichtigung möglicher Einflüsse durch fehlende Komponenten in der FEM-Berechnung (z.B. Nachgiebigkeiten der Kraftmessdosen und hydrostatischen Kolbenlager) eine maximal zulässige Winkelabweichung $\Delta\varphi_{max} = 2^\circ$ definiert.

Fertigungs- und Montagetoleranzen (z.B. Spiel in Durchgangsbohrungen, Maßabweichungen in Führungen etc.) führen zu einer Positionsabweichung der Pulsatorbacken im Vergleich zum CAD-Modell. Durch eine Positions- und Winkelkalibrierung im montierten Zustand konnten die Abweichungen ermittelt und in das CAD-Modell zurückgeführt werden, wodurch die genaue Position der Pulsatorbacken in Abhängigkeit der hinteren und vorderen Führungspositionen ermittelt werden konnten. Zur Positionsüberprüfung und -kalibrierung wurde ein Dummy mit zwei schrägen Anlageflächen verwendet, **Bild 6.12**. Der Dummy war an die zu testende Prüfverzahnungsgeometrie angelehnt, indem der Winkel der Schräge der ersten Anlagefläche dem Normaleingriffswinkel α_{yn} der späteren Berührlinie des Primäraktuators und der Winkel der Schräge der zweiten Anlagefläche dem Normaleingriffswinkel α_{yn} der späteren Berührlinie des Sekundäraktuators entsprach.

Durch die Verwendung des Dummys waren Position und Winkel der Pulsatorbacken einfacher zu bestimmen als auf einer evolventisch gekrümmten Zahnflanke. Weiterhin war der Normaleingriffswinkel α_{yn} unabhängig von der Position auf der Dummyflanke, sodass eine Positionsabweichung nicht automatisch zu einer Winkelabweichung führte. Im CAD-System wurden mehrere theoretisch exakte Messlinien auf dem Dummy definiert. Dabei wurden die positionsrelevanten Geometriedaten des Dummys taktil eingemessen und die exakten Maße in das CAD-System zurückgeführt. Anschließend wurde der Dummy in die Einspannvorrichtung eingesetzt und verspannt. Die

Messung der Positions- und Winkelgenauigkeit wurde an jeweils vier unterschiedlichen Positionen auf der Dummyflanke für Primär- und Sekundäraktuator durchgeführt. Dabei entsprach das Positionsmaß dem Soll-Abstand zwischen Aktuatorposition und Oberkante der Dummyflanke aus dem CAD-Modell, Bild 6.12 unten. Während der Primäraktuator im unteren Teil der Zahnflanke positioniert wurde, wurde der Sekundäraktuator nahe des Zahnkopfes positioniert. Das verwendete Messgerät und Messprinzip ist in Kapitel 4.2.3 erläutert.

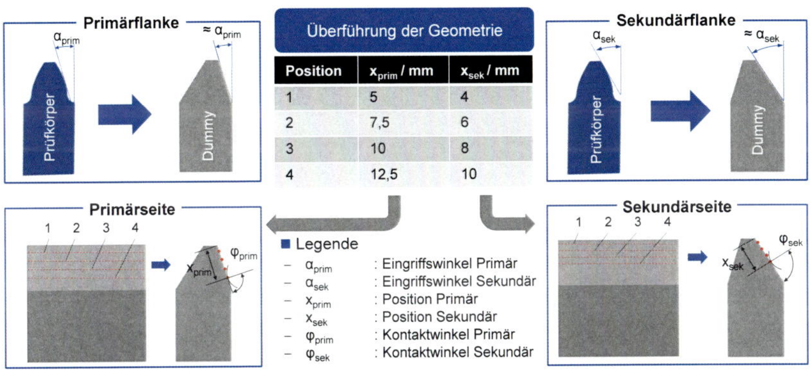

Bild 6.12: Dummy zur Positions- und Winkelkalibrierung

Im Vorfeld der Positions- und Winkelkalibrierung wurde die Positions- und Winkelgenauigkeit bei mehrfachem Aus- und Einspannen des Dummys mit anschließendem Anfahren der Aktuatoren überprüft. Als Referenzmaß zur Festlegung des Toleranzbandes diente der Mittelwert von vier Messungen. Die Positions- und Winkelgenauigkeit bei wiederholtem Aus- und Einspannen des Dummys zeigte eine vernachlässigbar kleine Schwankung der Position und des Winkels ($\Delta x < 24$ µm, $\Delta\varphi < 0{,}03°$). Weiterhin wurde die Wiederholgenauigkeit der Führungseinstellungen und Messsysteme überprüft, indem die Aktuatoren an der vorderen und hinteren Führung ausgelenkt und anschließend wieder auf die gewünschte Position eingestellt wurden. Der Toleranzbereich wurde durch die definierten Positions- und Winkelabweichungen Δx_{max} = 0,4 mm und $\Delta\varphi_{max}$ = 2° eingegrenzt. Beide Schritte waren notwendig, damit gewährleistet war, dass die gewünschte Position bei einem Zahnsegmentwechsel und/oder einem Wechsel der Kraftangriffspunkte wiederholgenau mit den Magnetband- und Lasersensoren angefahren werden kann. Die Neuausrichtung der Aktuatorführungen in Kombination mit einem Aus- und Einspannen des Dummys führte zu größeren Abweichungen als ein alleiniges Aus- und Einspannen des Dummys. Eine Neuausrichtung ist lediglich bei Änderungen der Verzahnungsmakrogeometrie notwendig. Alle Positions- und Winkelabweichungen lagen dennoch weiterhin im geforderten Toleranzbereich. Die maximale Positionsabweichung lag am Sekundäraktuator mit $|\Delta x_{sek}|$ = 0,144 mm vor. Dieser Effekt war auf die unterschiedlichen Geometrien der Aktuatorbacken zurückzuführen. Während die primäre Aktuatorbacke eine Höhenballigkeit von C_α = 0,237 mm aufwies, besaß die sekundäre Aktuatorbacke eine Höhenballigkeit von C_α = 0,1 mm.

Dadurch entstand eine größere Abhängigkeit der Positionsabweichung von der Winkelabweichung, da bereits kleine Winkelabweichungen zu einer abweichenden Kontaktlinie auf der sekundären Aktuatorbacke führten. Aus der verschobenen Kontaktlinie auf der Aktuatorbacke resultierte eine Positionsabweichung auf dem Dummy.

Nach dem Nachweis der Positionswiederholgenauigkeit wurden die initialen Messungen der unterschiedlichen Positionen auf den Flanken des Prüfdummys durchgeführt. Die Ergebnisse der Positions- und Winkelmessungen über den verschiedenen Prüfdurchmessern sind in **Bild 6.13** dargestellt.

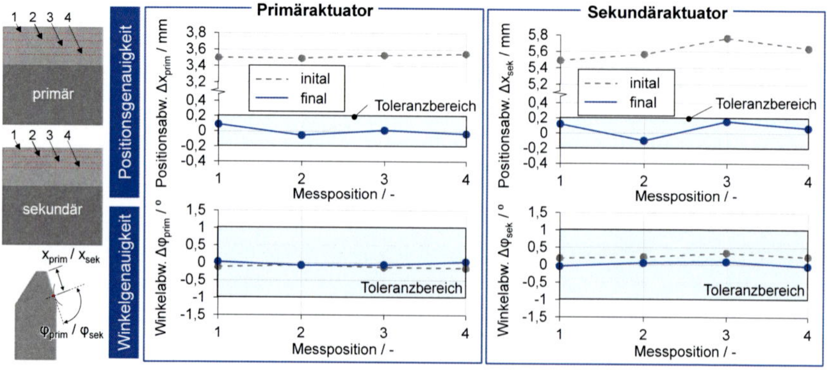

Bild 6.13: Positions- und Winkelabweichung der Aktuatoren vor/nach der Kalibrierung

In Bezug auf die Positionsabweichungen kann festgestellt werden, dass kein Prüfdurchmesser innerhalb der Toleranzgrenzen angefahren werden konnte, vgl. Bild 6.13 gestrichelte Linien „initial". Im Mittel wich der Primäraktuator Δx_{prim} = 3,52 mm und der Sekundäraktor Δx_{sek} = 5,62 mm von der Soll-Position ab. Die Abweichungen bei der Position der Aktuatoren sind auf die Fertigungs- und Montagetoleranzen zurückzuführen. Einige positionsbeeinflussende Bauteilverbindungen (T-Nut-Platte/Maschinentisch, Führungsschiene/Winkelprofil, Führungsschlitten/Kugelgelenk, vorderer Anschlussflansch/Aktor, Sekundärumgriff/Sekundäraktuatorbacke) sind durch Schraubverbindungen ohne Verstiftungen realisiert. Durch das Spiel zwischen Durchgangsbohrungen und Schraubenschaft entstehen in der Gesamtheit des Aufbaus Ungenauigkeiten im Millimeterbereich. Es ist weiterhin zu erkennen, dass die Abweichungen bei den unterschiedlichen Positionen nahezu konstant sind. Die Winkelabweichung $\Delta\varphi$ ist ebenfalls über die unterschiedlichen Positionen nahezu konstant, lag aber bereits vor der Kalibrierung im geforderten Toleranzbereich. Die Abweichungen vom Mittelwert sind auf die Ungenauigkeiten der Positionierung zurückzuführen und befinden sich ausgehend vom Mittelwert innerhalb der zulässigen Toleranzgrenzen. Die nahezu konstanten Abweichungen zwischen der Soll-Messlinie und der gemessenen Position (Δx_{prim} = 3,49 mm - 3,55 mm, Δx_{Sek} = 5,49 mm - 5,77 mm) sind auf die konstanten Fertigungs- und Montageabweichungen des Prüfstands zurückzuführen.

Um die Ungenauigkeiten durch die Fertigungs- und Montagetoleranzen auszugleichen, wurden die Positions- und Winkelabweichungen über eine geometrische Iterationsschleife korrigiert. Das Vorgehen zur Neuausrichtung der Aktuatoren wird im Folgenden am Beispiel des Primäraktuators erläutert:

Der Primäraktuator lässt sich als Gerade in einer Ebene auf dem Maschinenbett darstellen. Dabei ist die Position und Winkellage der Geraden (Primäraktuator) durch die Kontaktposition (Durchmesser d_y und senkrechte Ausrichtung) zwischen der Flanke des Dummys und der Pulsatorbacke bereits vollständig definiert. Durch die vorhandenen Abweichungen in Position und Winkel können anschließend über geometrische Beziehungen relative Änderungen der vorderen und hinteren Aufnahmen der Aktuatoren zur idealen Position bestimmt werden. In der Praxis wurde dieses geometrische Verfahren im CAD-Programm durchgeführt, indem die tatsächlichen Positionen und Winkel in die Baugruppe zurückgeführt wurden. Anschließend konnten die relativen Abweichungen in den Führungen ausgelesen und am realen Prüfstand neu eingestellt werden.

Dieser Prozess wurde iterativ ausgeführt, sodass schließlich eine Positionierung innerhalb der Toleranzen ermöglicht wurde. Um den Prozess zu vereinfachen, wurde die Annahme getroffen, dass die Korrekturgrößen zur richtigen Positionierung der Aktuatoren über den verschiedenen Positionen für Primär- und Sekundäraktuator konstant sind. Diese Annahme wurde aufgrund der Erkenntnisse der nahezu konstanten Abweichung über allen Prüfdurchmessern aus den oberen Diagrammen in Bild 6.13 getroffen. Somit wurde der Regelprozess nur für jeweils eine Position des Primär- und Sekundäraktuators durchgeführt. Die Annahme wurde final geprüft, indem die Zielpositionen für jeden Prüfdurchmesser nach dem Iterationsprozess vermessen wurden. Die Positions- und Winkelabweichungen nach der Kalibrierung sind durch die durchgezogenen Linien in Bild 6.13 dargestellt. Sobald die gewünschte Genauigkeit für die ausgewählte Position erreicht wurde, wurde der Iterationsprozess abgebrochen. Es zeigte sich, dass bereits nach zwei Iterationsschritten eine ausreichende Genauigkeit für Position und Winkel sowohl für Primär- als auch für Sekundäraktuator erreicht wurde.

Als Zwischenfazit kann festgehalten werden, dass eine Kombination aus Prüfsegmentwechsel und Neuausrichtung der Aktuatoren den größten Einfluss auf die Positionsgenauigkeit hat. Diese Situation trifft lediglich bei einem Wechsel der Prüfverzahnungsgeometrie ein. Die Wiederholgenauigkeit beim Wechsel eines Prüfsegmentes innerhalb einer Versuchsreihe ist hoch. Eine Überprüfung von Position und Winkel sollte in regelmäßigen Abständen während einer Versuchsreihe und insbesondere beim Wechsel der Prüfverzahnungsgeometrie durchgeführt werden. Liegt eine Abweichung zur Soll-Position und zum Soll-Winkel vor, müssen im ersten Schritt alle Schrauben- und Stiftverbindungen überprüft werden. Anschließend muss eine Neukalibrierung durchgeführt werden.

Spannungsvalidierung

Die korrekte Ableitung von Pulsatorkraft-Zeitprofilen beider Aktuatoren aus Prüfdrehmomenten eines Laufversuches bzw. der industriellen Praxis setzt voraus, dass die Prüfkörperbeanspruchung im Analogieversuch korrekt in der FE-Simulation berechnet wird. Durch die Simulation einer Pulsator-Kraftrampe für die beiden Aktuatoren wurde der lokale Spannungstensor an jedem FE-Element in Abhängigkeit der Pulsatorkraft ermittelt. Damit die berechneten Spannungen den tatsächlichen Spannungen entsprechen, musste das Simulationsmodell des Doppelpulsators durch Dehnungsmessungen an einer exemplarischen Stelle des Prüfsegmentes validiert werden, **Bild 6.14**.

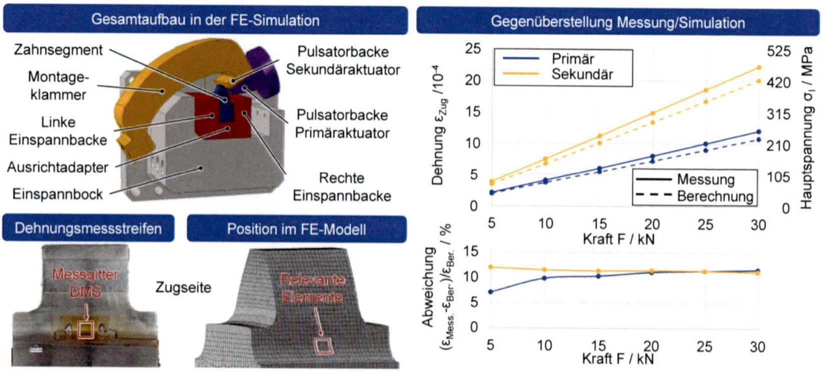

Bild 6.14: Validierung der FE-Simulation durch Dehnungsmessungen

Eine Umrechnung der gemessenen Dehnungen in Spannungen konnte bei linear-elastischem Materialverhalten über das HOOK'sche Gesetz erfolgen [BARG11]. Da eine Dehnungsmessung unmittelbar an oder unter dem Kraftangriffspunkt der Pulsatorbacken nicht möglich war, wurden Dehnungsmessungen im Zahnfuß durchgeführt. Dazu wurde ein Dehnungsmessstreifen auf der Zugseite eines herauserodierten Zahnsegmentes appliziert. Die Dehnung wurde in Abhängigkeit der aufgebrachten Pulsatorkraft für Primär- und Sekundäraktuator getrennt gemessen, vgl. Bild 6.14 links unten. Die gemessene Dehnung wurde im Anschluss mit den berechneten Hauptdehnungen an der Oberfläche des Hexaeder-vernetzten Zahns verglichen. Dabei wurde im Zentrum der relevanten Elemente über die Funktion „Integration Point" ausgewertet. Das Ergebnis von Messung und Simulation ist in Bild 6.14 auf der rechten Seite dargestellt.

Die Gegenüberstellung zeigt, dass die gemessene Dehnung für beide Aktuatoren über der berechneten Dehnung liegt. Die maximale Abweichung zwischen Messung und Berechnung beträgt für den Primäraktuator $\Delta\varepsilon_{Zug,prim}$ = 1,25·10^{-4} (≙ 26,3 MPa) und für den Sekundäraktuator $\Delta\varepsilon_{Zug,sek}$ = 2,15·10^{-4} (≙ 45,2 MPa). Die relative Abweichung liegt für beide Aktuatoren im Bereich 7 % ≤ $(\varepsilon_{Mess.}-\varepsilon_{Ber.})/\varepsilon_{Ber.}$ ≤ 12 % , vgl. Bild 6.14 rechts unten. Es ist anzunehmen, dass die Abweichungen durch vernachlässigte Komponenten in der Simulation zustande kommen, welche aufgrund ihrer Nachgiebigkeiten unter Last zu einer Winkelabweichung zwischen Pulsatorbacke und Zahnsegment führen und eine höhere Umfangskraft verursachen (z.B. Kraftmessdosen, hydrostatische Kolbenlager). Die Abweichungen können bei zukünftigen Berechnungen der Pulsatorkräfte für die vorliegende Prüfverzahnung entsprechend anhand der Regressionskurve für beide Aktuatoren berücksichtigt werden. Da die gemessenen Dehnungen über den berechneten Dehnungen liegen, ist davon auszugehen, dass die wahre Beanspruchung am POI höher ist als die berechnete Beanspruchung. Da das übergeordnete Ziel dieser Arbeit die Erzeugung von Zahnflankenbrüchen im Analogieversuch war, haben die im Vergleich zur Berechnung höheren gemessenen Dehnungen einen untergeordneten Einfluss auf die Beschreibung des Beanspruchungszustandes.

Dynamische Inbetriebnahme

Für den Betrieb des Prüfstandes wurde eine automatisierte Testprozedur implementiert. Initial befinden sich die Pulsatorbacken in einer Ausgangslage ohne Kontakt zum Zahnsegment. Beim Start der Testprozedur werden im ersten Schritt die Versuchsdaten (Prüffrequenz f, maximale Pulsatorkräfte $F_{prim/sek}$ bzw. äquivalentes Drehmoment M) abgefragt. Bei Eingabe eines äquivalenten Drehmomentes M aus dem Laufversuch wird das Kraftprofil anhand der hinterlegten Datenpunkte für die vorliegende Prüfverzahnungsgeometrie automatisch errechnet (individuelles Belastungsprofil). Dabei handelt es sich um das optimierte Belastungsprofil, welches anhand der FE-Berechnungen von Laufversuch und Kräfterampen abgeleitet wurde. Da bei den vorliegenden Belastungen linear-elastisches Materialverhalten angenommen wird, können die Pulsatorkräfte für jedes Drehmoment aus den vorliegenden Datenpunkten errechnet werden. Bei Vorgabe maximaler Pulsatorkräfte $F_{prim/sek}$ wird die Belastung jedes Aktuators in Form eines Sinusprofils mit den Kraftgrenzen Klemmkraft und maximale Pulsatorkraft aufgeprägt. Die beiden Sinusprofile von Primär- und Sekundäraktuator sind dabei phasenverschoben, sodass die maximale Belastung des einen Aktuators dann vorliegt, wenn der andere Aktuator mit seiner Klemmkraft belastet (Phasenverschobenes Doppelsinusprofil). Im zweiten Schritt fahren die Aktuatoren in der Wegregelung auf das Zahnsegment zu bis eine Kraft von $|F|$ = 0,2 kN detektiert wird. Anschließend erfolgt eine automatische Umstellung in die Kraftregelung und es wird eine Klemmkraft von $|F|$ = 1 - 2 kN aufgeprägt. Im letzten Schritt kann der Start des Versuchs durch den Benutzer freigegeben werden. Während eines Versuches dienen manuell vorgegebene Kraft- und Wegvorgaben jedes Aktuators als Grenzwerte, bei denen der Versuch gestoppt wird. Weiterhin wird nach einer Vorlaufzeit von 200.000 Lastspielen ein Peak-Valley-Detektor aktiviert, der die Änderung des Wegsignals für beide Aktuatoren überwacht und bei Überschreiten eines Grenzwertes den Versuchslauf beendet. Auf diese Weise werden Risse, die zu einer Steifigkeitsänderung des Prüfsegmentes führen, frühzeitig detektiert. Versuche im Rahmen der Inbetriebnahme haben gezeigt, dass sich das absolute Wegsignal durch die Erwärmung der Komponenten ändert und der „Peak-Valley-Detektor“ entsprechend erst aktiviert werden sollte, wenn das System eine stationäre Temperatur erreicht hat. Auf diese Weise kann die Weggrenze für den Peak-Valley-Detektor enger toleriert werden, wodurch Schäden schneller detektiert werden können. Nach Abschluss des Versuches durch vorzeitiges

Beenden oder Erreichen der Grenzlastspielzahl N_G fahren die Aktuatoren in der Wegregelung automatisch zu ihrer Ausgangsposition zurück.

Vor der Ermittlung der Prüfstandsgrenzen wurden die Regelparameter (P-,I-,D-Regler) für die beschriebenen Belastungsszenarien iterativ optimiert. Zur Ermittlung der Prüfstandsgrenzen mit dem ausgearbeiteten Konzept und den optimierten Regelparametern wurden Versuche mit dem optimierten Kraftprofil und den phasenverschobenen Doppelsinusprofilen durchgeführt. **Bild 6.15** zeigt die Gegenüberstellung von Soll- und Ist-Profilen beider Aktuatoren während eines Belastungszyklus mit dem optimierten Kraftprofil und den phasenverschobenen Doppelsinusprofilen.

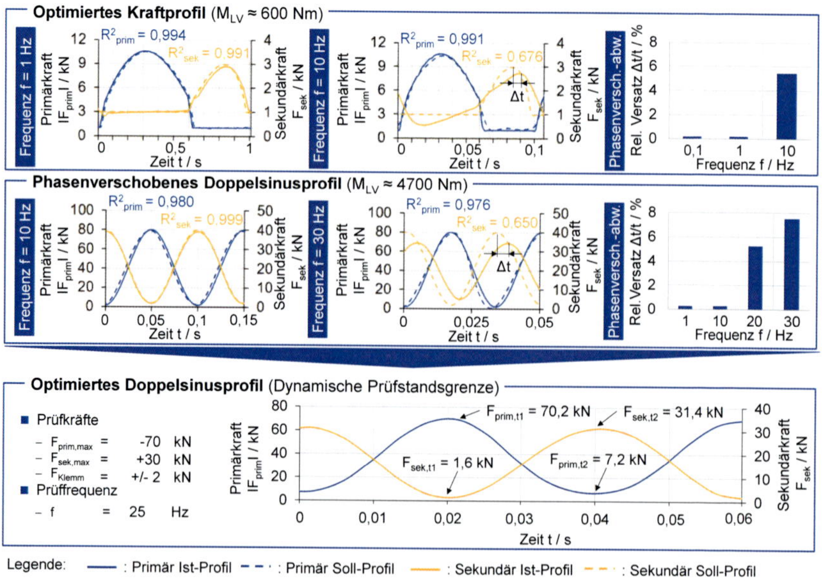

Bild 6.15: Dynamischer Prüfstandsbetrieb mit verschiedenen Kraftprofilen

Die Abbildungsgüte des Soll-Signals durch das Ist-Signal wird mit dem Bestimmtheitsmaß R^2 bewertet. Das Bestimmtheitsmaß R^2 beschreibt die Anpassungsgüte durch Quadratsummenzerlegung und nimmt Werte im Bereich $0 \leq R^2 \leq 1$ ein, wobei $R^2 = 1$ eine perfekte Übereinstimmung zwischen Soll- und Ist-Signal bedeutet. Außerdem ist die Abweichung von der idealen Phasenverschiebung $\Delta t/t$ für verschiedene Prüffrequenzen aufgetragen. Die Phasenverschiebungsabweichung $\Delta t/t$ beschreibt den prozentualen Versatz zwischen dem Zeitpunkt der gemessenen, maximalen Ist-Kraft am Sekundäraktuator und dem Zeitpunkt der maximalen Soll-Kraft am Sekundäraktuator. Eine hohe Phasenverschiebungsabweichung $\Delta t/t$ bedeutet, dass die Maximalkraft am Sekundäraktuator dann angreift, wenn am Primäraktuator bereits Kraft aufgebracht wird. Entsprechend sind niedrige Phasenverschiebungsabweichungen $\Delta t/t$ anzustreben, damit die induzierten Druckspannungen aus der Primärbelastung nicht mit den induzierten Zugspannungen aus der Sekundärbelastung interferieren. Für das phasenverschobene Doppelsinusprofil ist eine Phasenverschiebungsabweichung $\Delta t/t$ kritischer, da sich der nicht aktive Aktuator nur zum Zeitpunkt der idealen Phasenverschiebung in der Klemmkraft befindet.

Die Analyse der Abbildbarkeit des optimierten Kraftprofils wurde für die Prüffrequenzen $f = 0{,}1$ Hz, $f = 1$ Hz und $f = 10$ Hz durchgeführt, vgl. Bild 6.15 oben. Das Belastungsprofil entspricht einem Drehmomentäquivalent am Ritzel von $M_{LV} = 1000$ Nm und damit verhältnismäßig niedrigen Belastungen. Für die untersuchte Prüfverzahnung beträgt der niedrigste Lasthorizont, bei dem Zahnflankenbrüche im Laufversuch aufgetreten sind, $M_{LV} = 2200$ Nm. Für das untersuchte Belastungsprofil zeigt sich eine gute Abbildbarkeit des Soll-Signals für die Prüffrequenzen $f = 0{,}1$ Hz und $f = 1$ Hz. Das Bestimmtheitsmaß R^2 liegt im Bereich $0{,}991 \leq R^2 \leq 0{,}999$ und die Phasenverschiebungsabweichung $\Delta t/t$ für beide Prüffrequenzen bei $\Delta t/t = 0{,}2$ %. Für die Prüffrequenz $f = 10$ Hz kann eine Verschlechterung der Abbildbarkeit beobachtet werden. Zum einen kommt es zu einem Unterschreiten der Klemmkraft am Sekundäraktuator. Das Unterschreiten der Klemmkraft kann zu einem Hämmern führen, da die Pulsatorbacke von der Zahnflanke abhebt, sobald die Kraft den Nulldurchgang überschreitet. Ein Hämmern der Pulsatorbacken sollte vermieden werden, da unkontrollierte Belastungen und Schwingungen in das System eingebracht werden. Des Weiteren wird die geforderte Maximalkraft am Sekundäraktuator nicht erreicht und es kommt zu einem Anstieg der Phasenverschiebungsabweichung $\Delta t/t = 5{,}5$ %. Bei einer zu hohen Phasenverschiebungsabweichung $\Delta t/t$ erreicht der Sekundäraktuator seine Maximalkraft während der Primäraktuator bereits aktiv Last aufprägt. Dadurch interferieren die durch den Primäraktuator eingebrachten Normalspannungen mit den durch den Sekundäraktuator eingebrachten Normalspannungen, wodurch die Spannungsamplitude der tangentialen Normalspannung σ_{tan} sinkt. Andererseits steigen die Amplituden der radialen Normalspannung σ_{rad} sowie der Schubspannung $\tau_{rad/tan}$ durch eine Überlagerung beider Belastungen an. Es zeigt sich eine Korrelation zwischen dem Bestimmtheitsmaß R^2 und der Phasenverschiebungsabweichung $\Delta t/t$. Der allgemeine Phasenversatz zwischen Soll- und Ist-Signal wurde für Primär- und Sekundäraktuator im Vorfeld herausgefiltert und nur der zu einer Interferenz zwischen Primär- und Sekundärbeanspruchung führende Phasenversatz wurde analysiert. Dies ist gleichbedeutend mit einer schlechten Abbildungsgüte des Sekundäraktuators in Bezug auf den zeitlichen Versatz zwischen Soll- und Ist-Signal. Für das optimierte Kraftprofil wird die Prüfstandsgrenze entsprechend bei einer Prüffrequenz von $f < 10$ Hz und einem Belastungsäquivalent von $M_{LV} = 1000$ Nm erreicht, sodass sich das Belastungsprofil nicht für Langzeitversuche eignet.

Unter der Annahme, dass die Art der Belastungsaufprägung im Vergleich zu den Maximallasten vernachlässigbar klein ist, kann die phasenverschobene Belastung durch ein phasenverschobenes Doppelsinusprofil aufgebracht werden, vgl. Bild 6.15 mittig. Ein vernachlässigbarer Einfluss der Aufprägungsart auf die Zahnfußtragfähigkeit wurde für den Pulsatorversuch von RÜNGELER bereits nachgewiesen [RÜNG21]. Die

Annahme wurde mit Blick auf die Zahnflankenbruchtragfähigkeit für den Analogieprüfstand rechnerisch in Kapitel 6.5 geprüft. Bei dem phasenverschobenen Doppelsinusprofil wird die Belastung an Primär- und Sekundäraktuator durch ein Sinusprofil mit den Kraftgrenzen Klemmkraft und Maximalkraft aufgeprägt und der Soll-Phasenversatz zwischen Primär- und Sekundärbelastung entspricht $\varphi = 0{,}5 \cdot \pi$. Ein phasenverschobenes Doppelsinusprofil kann, verglichen zum individuellen Belastungsprofil, besser geregelt werden. Entsprechend konnte die gezeigte Analyse bei höheren Belastungen und Prüffrequenzen durchgeführt werden, vgl. Bild 6.15 mittig. Die untersuchten Maximalkräfte betrugen $F_{prim,max}$ = -80 kN für den Primäraktuator und $F_{sek,max}$ = +40 kN für den Sekundäraktuator. Damit erfolgte die Analyse nahe der allgemeinen Prüfstandsgrenze ($F_{max,prim}$ = -80kN, $F_{max,sek}$ = +54kN). Die analysierten Prüffrequenzen betrugen f = 1/10/20/30 Hz. Für die Prüffrequenzen f = 1 Hz und f = 10 Hz konnte eine gute Abbildbarkeit des Soll-Signals aufgezeigt werden. Das Bestimmtheitsmaß R^2 liegt im Bereich 0,980 ≤ R^2 ≤0,999 und die Phasenverschiebungsabweichung $\Delta t/t$ für beide Prüffrequenzen bei $\Delta t/t$ = 0,2 %. Bei erhöhten Prüffrequenzen f sinkt das Bestimmtheitsmaß R^2 und die Phasenverschiebungsabweichung Δt nimmt zu. Für eine Prüffrequenz f = 30 Hz konnte ein ähnlich schlechtes Regelverhalten wie für das individuelle Belastungsprofil bei f = 10 Hz beobachtet werden. Hierbei muss beachtet werden, dass die Belastung beim phasenverschobenen Doppelsinusprofil für den Primäraktuator um das 7,5-fache und für den Sekundäraktuator um das 13-fache höher lag als bei dem optimierten Kraftprofil. Bei gleicher Belastung liefert das phasenverschobene Doppelsinusprofil eine deutlich bessere Abbildungsgüte als das optimierte Kraftprofil. Das optimierte Kraftprofil konnte bei den Belastungen des phasenverschobenen Doppelsinusprofils nicht untersucht werden.

Die Abbildungsgüte R^2 und die Phasenverschiebungsabweichung $\Delta t/t$ können durch iterative Anpassung der Soll-Phasenverschiebung und Kraftgrenzen von Primär- und Sekundäraktuator an das Ist-Signal verbessert werden, siehe Bild 6.15 unten. Die Phasenverschiebungsabweichung $\Delta t/t$ konnte auf $\Delta t/t$ = 0 % reduziert werden. Zum Zeitpunkt t_1 prägt der Primäraktuator eine Kraft von $F_{prim,t1}$ = -70,2 kN auf während der Sekundäraktuator mit einer Kraft von $F_{sek,t1}$ = 1,6 kN belastet. Zum Zeitpunkt t_2 prägt der Primäraktuator eine Kraft von $F_{prim,t1}$ = -7,2 kN auf während der Sekundäraktuator mit einer Kraft von $F_{sek,t1}$ = 31,4 kN belastet. Dauerversuche mit dem optimierten Doppelsinusprofil und Prüffrequenzen f > 25 Hz haben zu einem Versuchsabbruch infolge Überhitzung des Hydrauliköls geführt. Zur Umgehung dieses Problems und Verbesserung der Kühlleistung muss zukünftig ein größerer Plattenwärmetauscher eingesetzt werden. Entsprechend liegen die dynamischen Prüfstandsgrenzen im aktuellen Versuchsaufbau für ein optimiertes Doppelsinusprofil bei $F_{prim,max}$ = -70 kN, $F_{sek,max}$ = 30 kN und f = 25 Hz.

6.5 Rechnerische Zahnflankenbruchgefahr im Analogieversuch

Simulative Tooth Flank Fracture Risk in the Analogy Test

Zur Bewertung der Zahnflankenbruchgefahr im Analogieversuch wurden Tragfähigkeitsberechnungen mit dem vorgestellten Analogieversuch durchgeführt. Dazu wurde die in Kapitel 5 vorgestellte Berechnungsmethode in Kombination mit einer Spannungsberechnung in der Voll-FEM (ABAQUS CAE) herangezogen. Die Spannungsberechnung erfolgte unter quasi-statischen Bedingungen und mit der Annahme linear-elastischen Materialverhaltens (Elastizitätsmodul E = 210.000 MPa, Querkontraktionszahl v = 0,3). Die für verschiedene Pulsatorkraftprofile berechneten Spannungs-tensor-Zeitverläufe wurden gemeinsam mit der lokalen Härte *HV1* und den lokalen Eigenspannungen in lokale Anstrengungen A überführt. Im Gegensatz zur Monte-Carlo-Simulation in Kapitel 5 wurde eine konstante Fehlstellengröße mit dem MURAKAMI Parameter $\sqrt{area}$ = 50 µm gewählt [MURA19]. Dies entspricht für die untersuchte Prüfverzahnung mit Normalmodul m_n = 8 mm (Kapitel 4.3) verhältnismäßig kleinen bruchauslösenden Fehlstellen, vgl. WICKBORN [WICK17]. Niedrige Fehlstellengrößen führen zu höheren lokalen Festigkeiten und müssen zur Erzeugung von Zahnflankenbrüchen durch hohe Belastungen kompensiert werden. Der MURAKAMI Parameter wurde bewusst niedrig angesetzt, um den statistischen Einfluss großer Fehlstellen zu minimieren und entsprechend Schäden auch an kleinen Fehlstellen zu provozieren. Die Belastung im Laufversuch, mit der Zahnflankenbrüche rechnerisch an Fehlstellen mit einem MURAKAMI Parameter $\sqrt{area}$ = 50 µm erzeugt werden, entspricht M_1 = 4150 Nm [MURA19]. Das äquivalente Pusaltorkraftprofil im Analogieversuch weist eine maximale Primäraktuatorkraft F_{prim} = -70 kN und eine maximale Sekundäraktuatorkraft F_{sek} = 22 kN auf. Mit dem gewählten Vorgehen konnten Anstrengungstiefenverläufe und Anstrengungsplots im Normalschnitt erzeugt werden, welche Aufschluss über kritische Positionen im Zahnvolumen geben und eine Vergleichbarkeit zwischen Lauf- und Analogieversuch ermöglichen. In **Bild 6.16** sind die Anstrengungstiefenverläufe ausgehend von der Zahnflanke durch den POI bis in die Mitte des Zahnes für die genannten Belastungen dargestellt.

Im Laufversuch ergibt sich für eine Ritzelbelastung von M_1 = 4150 Nm eine Überschreitung des Grenzwertes der lokalen Anstrengung A_{max} = 1 im Tiefenbereich $1{,}8 \leq t/CHD_{550} \leq 3$ ($\triangleq$ 2mm $\leq t \leq$ 3 mm). Dies deckt sich mit den von KONOWALCZYK gefundenen bruchauslösenden Einschlüssen in der untersuchten Prüfverzahnungsgeometrie, sowie mit den von MÜLLER ET AL. gefundenen bruchauslösenden Einschlüssen in anderen Prüfverzahnungsgeometrien [KONO18, MÜLL19]. Das auf Basis der Spannungen im Laufversuch optimierte Pulsatorkraftprofil führt zu höheren Anstrengungswerten A. Rechnerisch wird der Anstrengungsgrenzwert A_{max} im Tiefenbereich $1{,}4 \leq t/CHD_{550} \leq 3{,}7$ ($\triangleq$ 1,5mm $\leq t \leq$ 4,1 mm) überschritten. Die höhere Anstrengung A ist auf die höhere Gewichtung der radialen Normalspannung σ_{rad} in der ersten Optimierungsfunktion (Formel 6.1 in Kapitel 6.1) zurückzuführen, wodurch eine höhere Schubspannung $\tau_{rad/tan}$ im Vergleich zum Laufversuch in Kauf genommen wird.

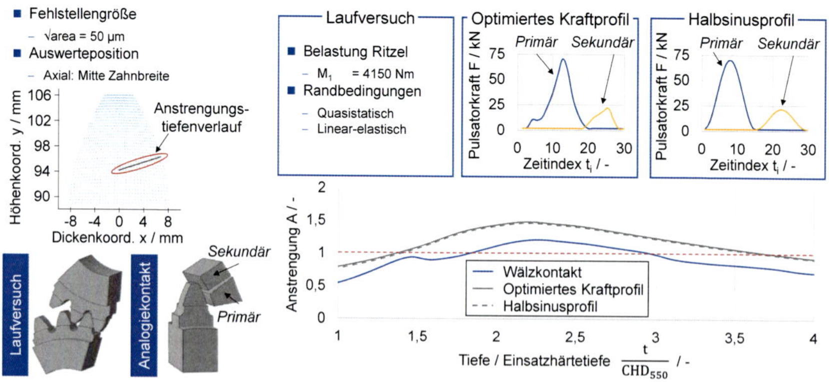

Bild 6.16: Anstrengungstiefenverläufe für Lauf- und Analogieversuch

Wie in Kapitel 6.4 gezeigt, kann das System im dynamischen Betrieb besser geregelt werden, wenn das Pulsatorkraftprofil durch eine Sinusschwingung angenähert wird. Rechnerisch führt die Annäherung des optimierten Kraftprofils durch zwei phasenversetzt schwingende Halbsinusprofile zu keiner Veränderung im Anstrengungstiefenverlauf, vgl. Bild 6.16 „Halbsinusprofil". Zur weiteren Steigerung der Anstrengung A kann die maximale Kraft am Sekundäraktuator $F_{sek,max}$ bis zur dynamischen Prüfstandsgrenze ($F_{prim,max}$ = -70 kN, $F_{sek,max}$ = 30 kN) gesteigert werden. In **Bild 6.17** sind die Anstrengungstiefenverläufe für den Betrieb an der Prüfstandsgrenze dargestellt. Im Vergleich zum Halbsinusprofil mit den Pulsatorkräften $F_{prim/sek,max}$ = -70/+22 kN liegen geringfügig höhere Anstrengungen bei den Pulsatorkräften $F_{prim/sek,max}$ = -70/+30 kN vor. Im regeloptimierten Sinusprofil entfällt die Totzeit, in der ein Aktuator in seiner Klemmkraft verharrt, während der andere Aktuator aktiv Belastung aufprägt. Stattdessen schwingen die Belastungen beider Aktuatoren ideal phasenversetzt, sodass die Maximalkraft des einen Aktuators dann erreicht wird, wenn der andere Aktuator mit seiner Klemmkraft belastet. Im Vergleich zum Halbsinusprofil steigen die lokalen Anstrengungen A über der Tiefe, da die Schubmittelspannung $\tau_{rad/tan,m}$ zunimmt, siehe Spannungsverläufe in **Bild 10.1** im Anhang. Wird der Phasenversatz von $\varphi = 0{,}5 \cdot \pi$ (Regeloptimiertes Sinusprofil) auf $\varphi = 0{,}33 \cdot \pi$ geändert, interferieren die Belastungen beider Aktuatoren und es kommt zu einer weiteren Erhöhung der Anstrengung A mit der gewählten Vergleichsspannungshypothese. Damit kann die Anstrengung A gezielt durch eine Überlagerung der Beanspruchungsanteile erhöht werden. Die Erhöhung resultiert aus einer Erhöhung der radialen Normalspannungsamplitude $\sigma_{rad,a}$ in Kombination mit einer Reduktion der tangentialen Normalspannungsamplitude $\sigma_{tan,a}$, wodurch die Schubspannungsamplitude $\tau_{rad/tan,a}$ steigt, siehe Spannungsverläufe in Bild 10.1 im Anhang.

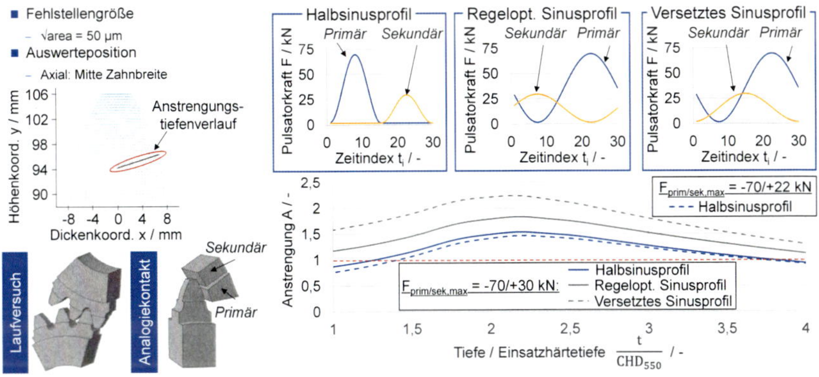

Bild 6.17: Anstrengungstiefenverläufe für Analogieversuch an der Prüfstandsgrenze

Da der Zahnflankenbruch in Abhängigkeit der lokalen Materialeigenschaften unterschiedliche Rissausgangsorte aufweist, müssen potenziell kritisch beanspruchte Orte im Zahnvolumen identifiziert und dem Analogieversuch gegenübergestellt werden. Dazu wurden die Anstrengungen A im Normalschnitt der Prüfverzahnung bei einer konstanten Fehlstellengröße mit MURAKAMI Parameter $\sqrt{area}$ = 50 µm analysiert, **Bild 6.18** [MURA19].

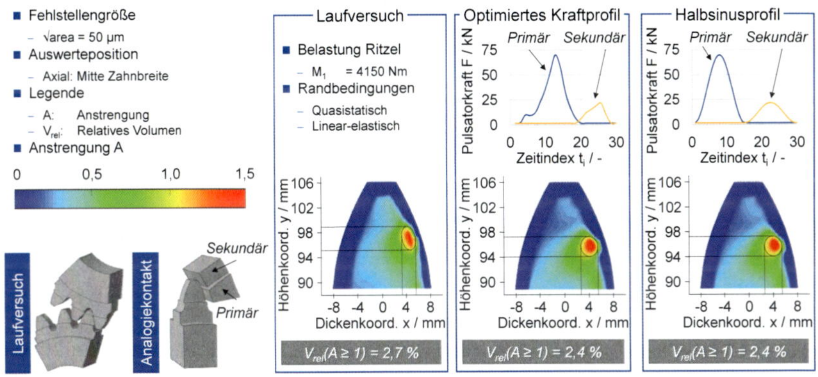

Bild 6.18: Anstrengungen im Normalschnitt für Lauf- und Analogieversuch

Dabei wurde der Stirnschnitt in Zahnbreitenrichtung mittig ausgewertet und es wurde die für Geradverzahnungen zulässige Annahme getroffen, dass die Anstrengungsverteilung über der Zahnbreite konstant ist. Die Gegenüberstellung von Lauf- und Analogieversuch liefert Erkenntnis darüber, ob im Analogieversuch ein gleich großes Volumen an der gleichen Position im Zahnvolumen kritisch beansprucht wird wie im Laufversuch. Im Laufversuch liegt bei den gewählten Bedingungen (M_1 = 4150 Nm, $\sqrt{area}$ = 50 µm) ein relatives Volumen von V_{rel} = 2,7 % mit einer Anstrengung A ≥ 1 vor. Das Volumen erstreckt sich über eine Profilhöhe im Bereich

95,1 mm ≤ y ≤ 98,9 mm. Im Analogieversuch liegt ein reduziertes kritisch beanspruchtes Volumen von V_{rel} = 2,4 % vor. Des Weiteren ist die Lage des kritisch beanspruchten Volumens in Profilrichtung geringfügig tiefer verglichen zum Laufversuch (94,0 mm ≤ y ≤ 97,2 mm). Aufgrund einer Kollisionsgefahr mit dem Sekundäraktuator kann der Primäraktuator nicht höher positioniert werden. Zwischen optimiertem Kraftprofil und Halbsinusprofil ergibt sich kein Unterschied in der Position und Größe des kritisch beanspruchten Volumens. In **Bild 6.19** sind die Anstrengungen im Normalschnitt für den Betrieb an der Prüfstandsgrenze dargestellt.

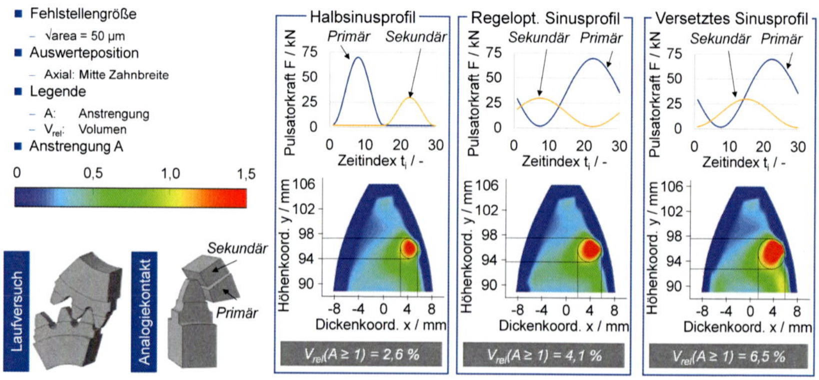

Bild 6.19: Anstrengungen im Normalschnitt für Analogieversuch an Prüfstandsgrenze

Durch eine Erhöhung der Kraft am Sekundäraktuator von $F_{sek,max}$ = +22 kN auf $F_{sek,max}$ = +30 kN wird eine Erhöhung des kritisch beanspruchten Volumens auf V_{rel} = 2,7 % erzielt. Der kritisch beanspruchte Bereich in Profilrichtung bleibt nahezu konstant (94,0 mm ≤ y ≤ 97,3 mm). Durch ein regeloptimiertes Sinusprofil kann das kritisch beanspruchte Volumen auf V_{rel} = 4,1 % erhöht werden. Wie bereits in den Anstrengungstiefenverläufen am POI gezeigt, ist dies insbesondere auf die Vergrößerung des kritisch beanspruchten Tiefenbereiches zurückzuführen. Der kritisch beanspruchte Bereich in Profilrichtung erhöht sich auf 93,7 mm ≤ y ≤ 97,5 mm. Die Belastung mit einem versetzten Sinusprofil kann das kritisch beanspruchte Volumen abermals erhöhen (V_{rel} = 6,5 %). Der kritisch beanspruchte Bereich in Profilrichtung erhöht sich auf 92,7 mm ≤ y ≤ 97,6 mm, wobei die Vergrößerung des Bereiches vorzugsweise in Richtung des Zahnfußes stattfindet und sich in Richtung des Zahnkopfes nicht bis auf den Bereich des Laufversuches (y = 98,9 mm) erstreckt.

6.6 Fazit

Conclusion

In Kapitel 6 wurde ein Analogiekonzept vorgestellt, mit dem ein Zahnsegment zyklisch durch zwei Hydraulikaktuatoren belastet wird. Voruntersuchungen haben gezeigt, dass bei richtiger Positionierung der Aktuatoren auf der Zahnflanke ein definierter Point of Interest (POI) nahezu äquivalent zum Laufversuch beansprucht wird. Der Beanspruchungszustand des POI wurde anhand des Spannungstensor-Zeitverlaufes bewertet. Dazu wurde eine Methode implementiert, die anhand von Spannungen aus einer quasi-statischen Abwälzsimulation sowie Spannungen aus simulierten Kräfterampen des Analogieprüfstandes Pulsatorkraftprofile iteriert, bis die Differenz der Spannungen zu diskreten Zeitpunkten ein Minimum annimmt.

Aus den berechneten Pulsatorkräften und Verformungen konnten Anforderungen an das Prüfstandskonzept abgeleitet werden. Die makrogeometrischen Randbedingungen an potenzielle Prüflinge sind ein Normalmodul im Bereich 8 mm $\leq m_n \leq$ 15 mm, ein Betriebseingriffswinkel im Bereich $17^{\circ} \leq \alpha_{wt} \leq 23^{\circ}$, ein Schrägungswinkel im Bereich $0^{\circ} \leq \beta \leq 15^{\circ}$ und eine maximale Prüfsegmentbreite von b = 60 mm. Durch Auslenkung der vorderen und hinteren Führungen beider Aktuatoren im CAD-Modell konnte der Einfluss auf die Positionsabweichung an der Zahnflanke ermittelt werden. Die Gegenüberstellung zur tolerierten Abweichung an der Zahnflanke ermöglichte die Definition von Anforderungen an die Messsysteme der Führungen.

Anschließend wurde der Analogieprüfstand erfolgreich konstruiert und in Betrieb genommen. Bei der dynamischen Inbetriebnahme wurde festgestellt, dass das optimierte Pulsatorkraftsignal, welches die Beanspruchungsfolge des Laufversuches am genausten abbildet, bei hohen Kräften und Prüffrequenzen nur schwer geregelt werden kann. Da rechnerisch nachgewiesen werden konnte, dass die Art der Belastung keinen Einfluss auf den Beanspruchungszustand hat, insofern identische Amplituden und Mittelwerte in der Belastungsabfolge vorliegen, wurde das Pulsatorkraftsignal durch ein phasenverschobenes Doppelsinusprofil angenähert. Dabei belasten Primär- und Sekundäraktuator ideal phasenversetzt, sodass der eine Aktuator seine Maximalkraft aufprägt, während der andere Aktuator in seiner Klemmkraft verharrt. Das phasenverschobene Doppelsinusprofil konnte bis zum Erreichen der Prüfstandsgrenze bei den Maximalkräften F_{prim} = -70 kN und F_{sek} = +30 kN und einer Prüffrequenz von f = 25 Hz stabil geregelt werden. Damit eignet sich das Prüfkonzept für Langzeitversuche bis in den Bereich hoher Lastspielzahlen. Höhere Prüfkräfte oder Prüffrequenzen führten zu einer Überhitzung des Hydrauliköls. Für höhere Prüfkräfte und -frequenzen muss der Wärmetauscher zwischen dem Kühlkreislauf des Hydraulikaggregates und dem Kühlkreislauf des Prüflabors vergrößert werden.

Abschließend wurde die Zahnflankenbruchgefahr im Lauf- und Analogieversuch rechnerisch geprüft, indem die lokalen Werkstoffanstrengungen im Bereich des POI analysiert wurden. Es wurde nachgewiesen, dass ein zahnflankenbruchkritischer Bereich im Analogieversuch vorliegt, welcher in Abhängigkeit der Belastung und Phasenverschiebung des Sinusprofils größer sein kann als im Laufversuch und zu höheren Anstrengungen führt als der Laufversuch. Damit liegt ein Prüfsystem vor, welches rechnerisch in der Lage ist, Zahnflankenbrüche reproduzierbar zu erzeugen. Folglich kann Forschungshypothese 2 ebenfalls verifiziert werden.

7 Experimentelle Untersuchung im Analogieversuch

Experimental Investigation in the Analogy Test

Mit dem in Kapitel 6 vorgestellten Analogieprüfstand wurden unter Berücksichtigung der ermittelten dynamischen Randbedingungen Dauerversuche durchgeführt. Die verwendeten Prüfkörper sind in Kapitel 4.3 beschrieben. Das Versuchsprogramm und die Versuchsbedingungen werden in Kapitel 7.1 erläutert. In Kapitel 7.2 erfolgt die Auswertung der Versuchsergebnisse und in Kapitel 7.3 die Auswertung der Schadensbilder. Abschließend wird das Prüfkonzept in Kapitel 7.4 kritisch reflektiert.

7.1 Versuchsprogramm und Versuchsbedingungen

Test Scheme and Testing Conditions

Das Versuchsprogramm beinhaltete Versuche mit den in Kapitel 4.3 vorgestellten Prüfkörpern aus den Laufversuchen von KONOWALCZYK und FVA 822 I [KONO18, BREC22]. Dabei handelte es sich um die Varianten „A1-Ritzel“, „A3-Ritzel“, „B1-Ritzel“, „A13-Rad-$b_{abg.}$“ und „A13-Rad-$b_{nabg.}$“. Die Varianten „B1-Ritzel“, „A13-Rad-$b_{abg.}$“ und „A13-Rad-$b_{nabg.}$“ wurden ausschließlich im unbelasteten Zustand geprüft. Entsprechend haben diese Zahnräder vor Beginn des Analogieversuches keine Belastung aus einem vorherigen Einlauf und/oder Prüflauf im Zwei-Wellen-Verspannungsprüfstand erfahren. Die Varianten „A1-Ritzel“ und „A3-Ritzel“ wurden sowohl im unbelasteten Zustand getestet als auch im vorbelasteten Zustand. Das bedeutet, dass Zahnsegmente aus Zahnrädern gewählt wurden, wo an einem um mehrere Zähne entfernten Zahn ein Zahnflankenbruch im Laufversuch aufgetreten war. Die Prüffrequenz lag für alle Versuche im Bereich 20 Hz ≤ f ≤ 30 Hz. Sämtliche Versuche wurden bei Raumtemperatur durchgeführt. Vor Versuchsbeginn wurde sichergestellt, dass kein Kantentragen vorlag. Dazu wurde Druckmessfolie auf die Zahnflanke aufgeklebt und beide Aktuatoren wurden mit der Klemmkraft $F_{prim/sek}$ = 2 kN auf das Zahnsegment gedrückt. Ziel der Ausrichtung war ein gleichmäßiges Tragen über der Zahnbreite beider Aktuatoren. Das Kantentragen wurde durch Fühlerlehrband unter der vorderen Aufnahme ausgeglichen, vgl. Bild 6.8 „Vordere Führung + Arretierung“. Der Großteil der Versuche wurde nicht bis zur Grenzlastspielzahl von $N_G = 50 \cdot 10^6$ Lastspielen durchgeführt, sondern vorher abgebrochen. Ziel war die Untersuchung eines großen Spektrums unterschiedlicher Belastungsprofile, Versuchsvarianten und Zahnsegmente. Die Dauer eines Versuches mit einer Grenzlastspielzahl von $N_G = 50 \cdot 10^6$ Lastspielen und einer Prüffrequenz von f = 25 Hz beträgt 23,25 Tage.

Die untersuchten Lastniveaus und Belastungsprofile sind in **Bild 7.1** dargestellt. Der Kennwert zur Vergleichbarkeit zwischen den untersuchten Pulsatorkraftprofilen und den Versuchsergebnissen von KONOWALCZYK auf dem Zwei-Wellen-Verspannungsprüfstand ist die lokale Werkstoffanstrengung A am POI [KONO18]. Die lokale Werkstoffanstrengung A wurde nach der in Kapitel 5.2 vorgestellten Vorgehensweise berechnet. Der gewählte MURAKAMI Parameter zur Berechnung der Werkstoffanstrengung A beträgt $\sqrt{area}$ = 50 µm, was einer moderaten Fehlstellengröße entspricht [MURA19]. In den Untersuchungen von WITZIG (Prüfverzahnung mit Normalmodul

m_n = 3 mm und Zähnezahlen $z_{1/2}$ = 67/69) wurden im Einsatzstahl 18CrNiMo7-6 Fehlstellen in den Bruchflächen von Zahnflankenbrüchen mit einem MURAKAMI Parameter im Bereich 121 µm ≤ $\sqrt{area}$ ≤ 374 µm detektiert [WITZ12]. Für das Sinusprofil mit den Maximalkräften F_{prim} = -70 kN und F_{sek} = +30 kN ergibt sich eine lokale Werkstoffanstrengung am POI von A = 1,813. Das versetzte Sinusprofil mit den Maximalkräften F_{prim} = -50 kN und F_{sek} = +25 kN resultiert in einer lokalen Werkstoffanstrengung A am POI von A = 1,172. Die lokalen Werkstoffanstrengungen A am POI liegen für den Laufversuch in Abhängigkeit des Ritzeldrehmomentes M_1 im Bereich 0,445 ≤ A ≤ 0,747. Die höchsten Werkstoffanstrengungen A werden durch das versetzte Sinusprofil mit den Maximalkräften F_{prim} = -70 kN und F_{sek} = +30 kN erreicht und betragen A = 2,204. Das Versuchsprogramm war entsprechend so ausgelegt, dass die Belastungsprofile im Analogieversuch zu einer wesentlich höheren Werkstoffanstrengung führen, als die Belastung im Laufversuch. Das Ziel war eine Erzeugung von Zahnflankenbrüchen im Bereich der Zeitfestigkeit.

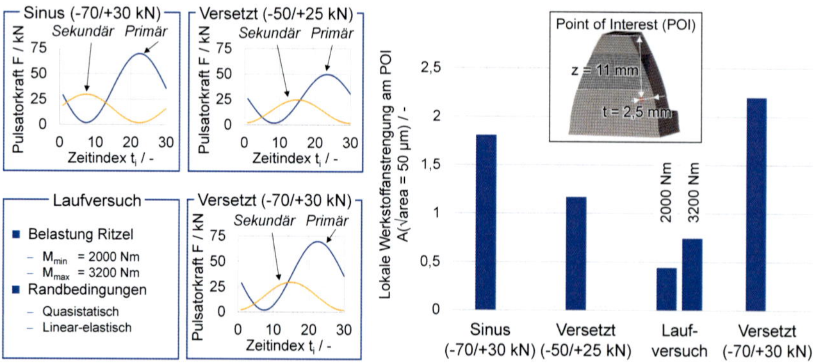

Bild 7.1: Lastniveaus der durchgeführten Versuche

7.2 Versuchsergebnisse

Test Results

In **Bild 7.2** sind die Versuchsergebnisse der Varianten „A1-Ritzel", „A3-Ritzel" und „B1-Ritzel" im Zustand „unbelastet im Laufversuch" dargestellt. Sämtliche Versuche wurden mit dem Sinusprofil und den Pulsatorkräften $F_{prim/sek}$ = -70/+30 kN durchgeführt, was einer lokalen Anstrengung am POI von A = 1,813 entsprach. Damit lag die lokale Werkstoffanstrengung am POI im Vergleich zum Laufversuch mit höchstem Ritzelmoment um den Faktor 2,43 höher. In Summe wurden vier Versuche mit der Variante „A1-Ritzel", ein Versuch mit der Variante „A3-Ritzel" und zwei Versuche mit der Variante „B1-Ritzel" durchgeführt.

Alle Versuche wurden ohne Schaden beendet. Die Lastspielzahl bis zum Versuchsabbruch lag im Bereich $1{,}39 \cdot 10^6 \leq N_L \leq 50 \cdot 10^6$ Lastspiele. Es konnten weder bei der zahnflankenbruchkritischen Variante „A1-Ritzel", noch bei der zahnflankenbruchkritischen Variante „A3-Ritzel" Zahnflankenbrüche im Analogieversuch erzeugt werden. Auch die untersuchte Sondervariante „B1-Ritzel" aus dem Werkstoff ADI 900-8 zeigte keine Zahnflankenbrüche im Analogieversuch.

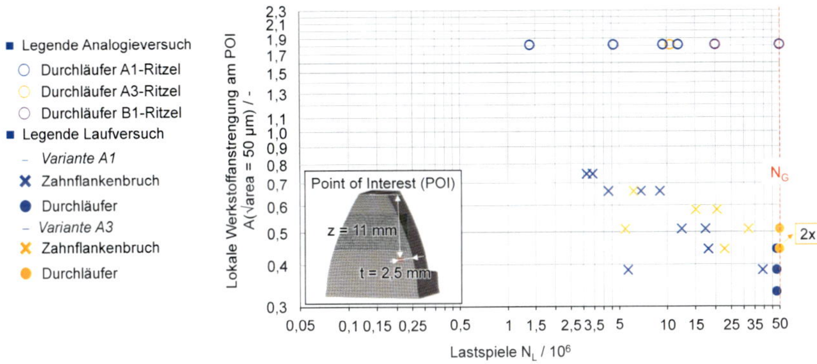

Bild 7.2: Versuchsergebnisse „A1-Ritzel", „A3-Ritzel", „B1-Ritzel" unbelastet

Im nächsten Schritt wurden Zahnsegmente gewählt, die eine Vorbelastung im Laufversuch erfahren haben. Der Grundgedanke war, dass eine Rissinitiierung im Laufversuch stattgefunden haben könnte und ein Rissnetzwerk im Bereich hoher Werkstoffanstrengung vorliegt. Dazu wurden Ritzel der Varianten „A1-Ritzel" als auch „A3-Ritzel" verwendet. Die gewählten Zahnsegmente haben Lastspielzahlen im Bereich $4{,}3 \cdot 10^6 \leq N_L \leq 20{,}4 \cdot 10^6$ im Laufversuch erreicht. Das Ritzelmoment im vorangegangenen Laufversuch lag im Bereich 2600 Nm $\leq M_1 \leq$ 3000 Nm. Der Ausfall der gewählten Ritzel erfolgte bei allen Zahnrädern über Zahnflankenbruch an einem Zahn im Laufversuch. Für den Analogieversuch wurden Zahnsegmente gewählt, die mehrere Zähne vom ausgefallenen Zahn entfernt lagen. Eine Übersicht der Versuche ist in **Bild 7.3** dargestellt. Es wurden vier Versuche mit der Variante „A1-Ritzel" und vier Versuche mit der Variante „A3-Ritzel" durchgeführt. Sämtliche Versuche wurden mit dem Sinusprofil bei den Maximalkräften $F_{prim/sek}$ = -70/+30 kN durchgeführt, was einer lokalen Anstrengung am POI von A = 1,813 entspricht.

Auch bei den vorbelasteten Zahnsegmenten konnte kein Schaden erzeugt werden, Bild 7.3. Die Lastspielzahlen, bei denen die Versuche ohne Schaden abgebrochen wurden, lagen im Bereich $4{,}1 \cdot 10^6 \leq N_G \leq 43{,}1 \cdot 10^6$ Lastspielen. Trotz einer zahnflankenbruchkritischen Vorbelastung der Zähne im Laufversuch konnte kein Zahnflankenbruch im Analogieversuch erzeugt werden.

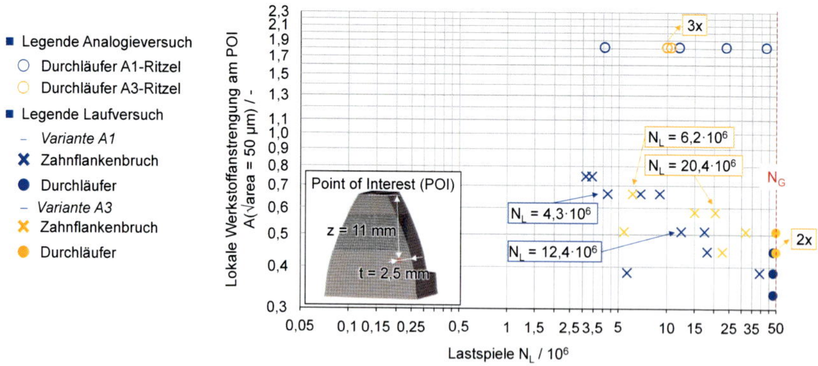

Bild 7.3: Versuchsergebnisse „A1-Ritzel", „A3-Ritzel" vorbelastet

Da in den Laufversuchen auch vereinzelt Gegenräder mit Zahnflankenbruch ausgefallen sind, wurden zwei Gegenradvarianten im Analogieversuch untersucht. Die erste Variante „A13-Rad-$b_{abg.}$" entsprach Gegenrädern ohne Anpassung der Zahnbreite. Dazu wurden Gegenräder ohne Vorbelastung oder einer Vorbelastung auf der Gegenflanke verwendet und Zahnsegmente drahterosiv aus dem Zahnrad herausgetrennt. Bei der zweiten Variante „A13-Rad-$b_{nabg.}$" wurde zusätzlich der abgesetzte Zahnfuß drahterosiv entfernt, sodass über der gesamten Profilhöhe eine einheitliche Zahnbreite vorlag, vgl. Kapitel 4.3. Die Anpassung wurde durchgeführt, da der Bereich kritischer Werkstoffanstrengung im Analogieversuch weiter in Richtung des Fußkreisdurchmessers d_f lag als im Laufversuch, vgl. Kapitel 6.5. Der abgesetzte Zahnfuß verringert die Biegespannung durch ein höheres Flächenträgheitsmoment und verhindert so möglicherweise Zahnflankenbrüche mit einer Rissinitiierung im Bereich des abgesetzten Zahnfußes. Es wurden insgesamt drei Versuche mit der Variante „A13-Rad-$b_{abg.}$" und vier Versuche mit der Variante „A13-Rad-$b_{nabg.}$" durchgeführt.

Die Versuchsergebnisse sind den Ergebnissen des Laufversuches in **Bild 7.4** gegenübergestellt. Zwei Versuche der Variante „A13-Rad-$b_{abg.}$" wurden mit dem versetzten Sinusprofil mit den Pulsatorkräften $F_{prim/sek}$ = -50/+25 kN geprüft, was einer lokalen Werkstoffanstrengung von A = 1,172 entsprach. Damit lag die lokale Werkstoffanstrengung am POI im Vergleich zum Laufversuch mit höchstem Ritzelmoment um den Faktor 1,57 höher. Bei einem Versuch kam es zu einem Radkörperbruch nach $N_L = 1{,}93 \cdot 10^6$ Lastspielen. Der andere Versuch blieb bis zur Grenzlastspielzahl $N_G = 50 \cdot 10^6$ schadensfrei. Der dritte Versuch wurde mit dem versetzten Sinusprofil und den Pulsatorkräften $F_{prim/sek}$ = -70/+30 kN durchgeführt, was einer lokalen Werkstoffanstrengung von A = 2,204 am POI entsprach. Im Vergleich zum Laufversuch mit höchstem Ritzelmoment lag die Werkstoffanstrengung am POI damit um den Faktor 2,95 höher. Der Versuch endete nach $N_L = 0{,}32 \cdot 10^6$ Lastspielen ebenfalls mit Radkörperbruch. Eine detaillierte Analyse der Schadensbilder erfolgt in Kapitel 7.3.

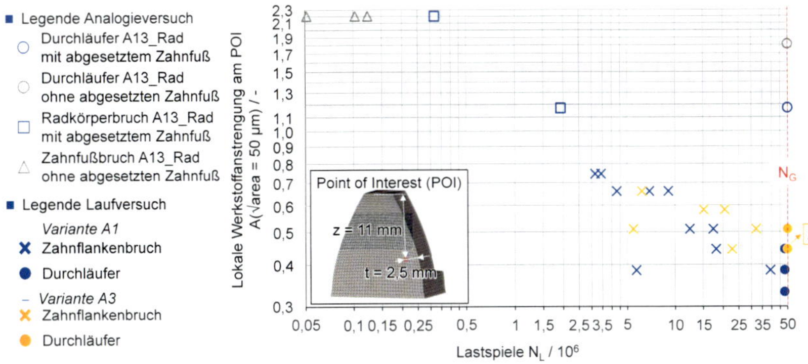

Bild 7.4: Versuchsergebnisse „A13-Rad“ unbelastet

Abschließend wurden drei Versuche der Variante „A13-Rad-b$_{nabg.}$“ mit dem versetzten Sinusprofil und den Pulsatorkräften $F_{prim/sek}$ = -70/+30 kN durchgeführt, was einer lokalen Werkstoffanstrengung von A = 2,204 am POI entsprach. Bei allen Versuchen kam es zu einem Zahnfußbruch nach Lastspielzahlen im Bereich $51 \cdot 10^3 \leq N_L \leq 123 \cdot 10^3$ Lastspielen. Die Analyse der Schadensbilder erfolgt in Kapitel 7.3. Der vierte Versuch wurde mit dem Sinusprofil und den Pulsatorkräften $F_{prim/sek}$ = -70/+30 kN durchgeführt, was einer lokalen Werkstoffanstrengung von A = 1,813 am POI entsprach. Der Versuch erreichte die Grenzlastspielzahl $N_G = 50 \cdot 10^6$ schadensfrei.

Keine der untersuchten Versuchsvarianten und Belastungsprofile fiel durch Zahnflankenbruch aus. Die Mehrzahl der Versuche endete trotz einer höheren lokalen Werkstoffanstrengung im POI im Vergleich zum Laufversuch schadensfrei. Bei einer Belastung mit dem versetzten Sinusprofil kam es bei der Variante „A13-Rad-b$_{abg.}$“ in zwei von drei Versuchen zu einem Radkörperbruch. Die Variante „A13-Rad-b$_{nabg.}$“ fiel in drei von vier Versuchen über Zahnfußbruch aus.

7.3 Schadensbilder

Damage Patterns

In der Versuchsreihe konnten keine Zahnflankenbrüche erzeugt werden. Es traten hingegen bei zwei unterschiedlichen Versuchsvarianten Zahnfußbrüche und Radkörperbrüche auf, welche im folgenden Kapitel analysiert werden. Mit dem versetzten Sinusprofil und den Maximalkräften $F_{prim/sek}$ = -70/+30 kN traten bei der Variante „A13-Rad-b$_{nabg.}$“ Zahnfußbrüche nach Lastspielzahlen im Bereich $51 \cdot 10^3 \leq N_L \leq 123 \cdot 10^3$ Lastspielen auf, siehe **Bild 7.5**. Das Auftreten der Zahnfußbrüche erfolgte im oberen Bereich der Zeitfestigkeit. Eine Rissinitiierung wurde im Bereich der 30°-Tangente festgestellt. Die Rissinitiierung erfolgte an der Oberfläche. Das Auftreten der Zahnfußbrüche kann auf das Abtrennen des abgesetzten Zahnfußes in Kombination mit dem Belastungsprofil „Versetztes Sinusprofil“ zurückgeführt werden. Durch das Abtrennen des abgesetzten Zahnfußes sinkt die Zahnfußtragfähigkeit, da das Flächenträgheitsmoment im Bereich des Zahnfußes reduziert wird. Der abgesetzte Zahnfuß war eine bewusste makrogeometrische Anpassung für den Laufversuch, um Zahnfußbrüche bei gleichzeitig hohen Zahnflankenpressungen zu vermeiden und Zahnflankenschäden zu provozieren. Bei dem Belastungsprofil „Versetztes Sinusprofil" überlagern sich die Beanspruchungen infolge Primär- und Sekundäraktuatorbelastung, da beide Aktuatoren zeitgleich aktiv Kraft aufprägen. Dies führte zu einer Erhöhung der Biegebeanspruchung im Zahnfuß. Der Versuch mit dem Belastungsprofil „Sinusprofil" und identischen Pulsatorkräften blieb bis zur Grenzlastspielzahl von N_G = 50·10⁶ Lastspielen schadensfrei, was auf die zeitversetzte Belastungsabfolge von Primär- und Sekundäraktuator zurückgeführt werden kann. Bei einer zeitversetzten Belastung kommt es zu keiner Überlagerung der Biegebeanspruchungsanteile aus Primär- und Sekundäraktuatorbelastung im Zahnfuß.

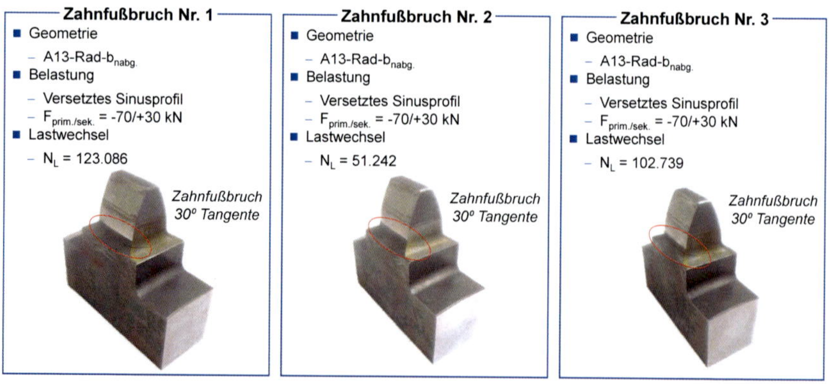

Bild 7.5: Zahnfußbrüche bei Variante „A13-Rad-$b_{nabg.}$"

Neben den Zahnfußbrüchen traten zwei Radkörperbrüche bei der Variante „A13-Rad-$b_{abg.}$" mit dem Belastungsprofil "Versetztes Sinusprofil" auf, **Bild 7.6**. Der erste Radkörperbruch trat bei den Maximalkräften $F_{prim/sek}$ = -50/+25 kN nach einer Lastspielzahl von N_L = 1,93·10⁶ Lastspielen auf. Der zweite Radkörperbruch trat aufgrund der höheren Maximalkräfte von $F_{prim/sek}$ = -70/+30 kN nach einer Lastspielzahl von N_L = 0,32·10⁶ Lastspielen auf. In beiden Fällen wurde eine Rissinitiierung im Radius zum Radkörperübergang detektiert. Im Vergleich zur Variante „A13-Rad-$b_{nabg.}$" weist die Variante „A13-Rad-$b_{abg.}$" einen abgesetzten Zahnfuß auf. In der Folge ist der Übergang zum Radkörper die am höchsten beanspruchte Stelle im Prüfsegment, trotz des höheren Querschnittes im Vergleich zum Durchmesser an der 30° Tangente. Die Rissinitiierung am Radkörper findet aufgrund des hohen Biegehebelarms in Kombination mit einer überlagerten Belastung durch Primär- und Sekundäraktuator statt, wodurch es zu einer hohen Biegebeanspruchung im Bereich des Übergangs zum Radkörper kommt.

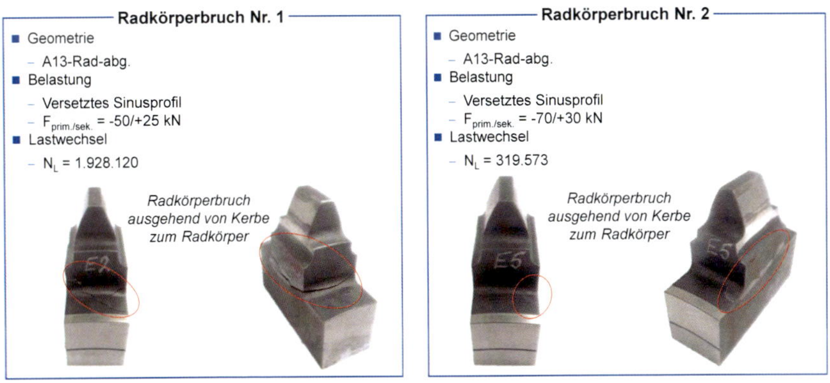

Bild 7.6: Radkörperbrüche bei Variante „A13-Rad-$b_{abg.}$"

Um Einzelzähne mit großen Fehlstellen im Bereich des POI zu identifizieren, wurden alle 25 Zähne eines Zahnrades der Variante „A13-Rad-$b_{abg.}$" mittels Ultraschalles geprüft. Das Zahnrad wies auf der Linksflanke eine Vorbelastung aus dem Laufversuch auf, wobei es sich um einen Durchläufer ($N_L = 50 \cdot 10^6$ Lastspiele schadensfrei) handelte. Die Rechtsflanke war unbelastet. Die Ultraschallprüfung wurde mit der Messmaschine PVA TEPLA SAM 301 bei einer Schallfrequenz von $f = 25$ MHz durchgeführt. Damit konnten alle potenziellen Fehlstellen mit einem Durchmesser $d_{min} \geq 55$ µm identifiziert werden. Das Ergebnis einer Schallprüfung von drei Zähnen ist in **Bild 7.7** links dargestellt.

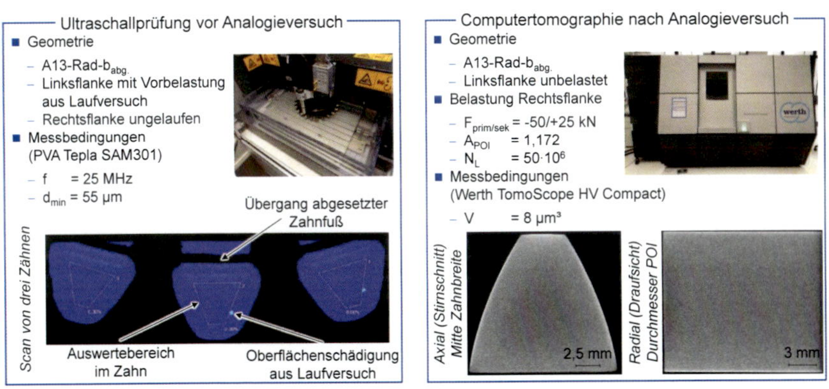

Bild 7.7: Auswertung Ultraschallprüfung und Computertomographie

Aufgrund des abgesetzten Zahnfußes war die Prüfung des gesamten Zahnvolumens im Bereich der aktiven Zahnflanke nicht möglich. Der Bereich in unmittelbarer Nähe des POI konnte analysiert werden, jedoch wurde in keinem Zahn eine Fehlstelle mit Durchmesser $d_{min} \geq 55$ µm detektiert. Der Defekt auf der Linksflanke ist wiederkehrend auf jedem Zahn und ist auf eine Oberflächenschädigung der Zahnflanke im Laufversuch zurückzuführen. Die geprüfte Zahnradgeometrie ist aufgrund des abgesetzten Zahnfußes für eine systematische Voruntersuchung aller Zahnräder auf große Fehlstellen mittels Ultraschallprüfung ungeeignet. Aus diesem Grund wurde die Ultraschallprüfung nicht für mehrere Zahnräder durchgeführt. Nichtsdestotrotz sollte eine Ultraschallprüfung in zukünftigen Untersuchungen in Betracht gezogen werden, damit gezielt schwache Zähne detektiert und für den Analogieversuch verwendet werden. Die Zahnflankenbruchtragfähigkeit kann im Anschluss an das Experiment ermittelt werden, indem die Größe der bruchauslösenden Fehlstelle in der Bruchfläche rasterelektronenmikroskopisch ermittelt und in die Berechnung zurückgeführt wird. Auf diese Weise kann die lokale Werkstoffanstrengung A für jeden Versuch in Abhängigkeit der Fehlstellengröße und der lokalen Beanspruchungen und Beanspruchbarkeiten ermittelt werden.

Neben der Ultraschallprüfung vor dem Versuch wurde ein Zahn der Variante „A13-Rad-$b_{abg.}$“ nach der Prüfung im Analogieversuch computertomographisch auf Rissnetzwerke unterhalb der Oberfläche untersucht, Bild 7.7 rechts. Die Linksflanke war unbelastet. Die Rechtsflanke wurde mit dem Belastungsprofil „Versetztes Sinusprofil“ und den Maximalkräften $F_{prim/sek}$= -50/+25 kN belastet. Der Analogieversuch wurde nach N_L = 50·10^6 Lastspielen schadensfrei abgeschlossen. Vor der Analyse wurde der Radkörper im Bereich der Zahnfußrundung abgetrennt. Die Computertomographie wurde mit dem WERTH TOMOSCOPE HV COMPACT bei einer Volumenelementgröße (Voxel) von V = 8 µm³ durchgeführt. Auf diese Weise konnten alle potentiellen internen Rissnetzwerke mit einer Größe höher 8 µm identifiziert werden. In Bild 7.7 rechts unten ist exemplarisch die Ansicht des Stirnschnittes in Zahnbreitenmitte, sowie die Draufsicht am Durchmesser des POI dargestellt. Es konnten keine Rissnetzwerke in der Analyse identifiziert werden. Auch in allen weiteren Aufnahmen konnten keine Risse festgestellt werden, sodass davon ausgegangen werden muss, dass der Analogieversuch nicht in der Lage war, einen Riss unter den gewählten Prüfbedingungen bei dem untersuchten Zahnsegment zu initiieren.

7.4 Reflektion des Analogieversuches

Reflexion of the Analogy Trial

Wie in Kapitel 7.2 aufgezeigt, konnten keine Zahnflankenbrüche mit dem Analogieprüfstand erzeugt werden. Es wurden verschiedene geometrische Varianten, sowie Werkstoffe experimentell untersucht, um einen Zahnflankenbruch zu provozieren. Dazu wurden für die Varianten aus 18CrNiMo7-6 grundsätzlich Zahnräder der Versuchscharge aus den Untersuchungen von KONOWALCZYK entnommen [KONO18]. Die Zahnräder der Versuchscharge fielen reproduzierbar über Zahnflankenbruch aus, was den Rückschluss zulässt, dass die Verzahnungsgeometrie und die Materialeigenschaften zahnflankenbruchkritisch waren. Da die Prüfsegmente inklusive dem Radkörper drahterosiv aus dem Zahnrad getrennt wurden, ist davon auszugehen, dass der Eigenspannungszustand im Bereich der aktiven Zahnflanke unverändert blieb. Des

Weiteren wurden Zahnräder verwendet, die im Laufversuch eine wälzende Vorbeanspruchung erfahren haben und möglicherweise Rissnetzwerke aufwiesen. Um das kritisch beanspruchte, aktive Zahnvolumen zu erhöhen, wurde eine Sondervariante untersucht, bei der der abgesetzte Zahnfuß zusätzlich drahterosiv entfernt wurde. Um den statistischen Einfluss makroskopischer Fehlstellen im kritisch beanspruchten Volumen zu widerlegen, wurde eine Variante aus ausferritischem Gusseisen (ADI 900-8) untersucht, bei der eine Vielzahl an Fehlstellen in Form von Graphiteinlagerungen vorliegt.

Da die Erzeugung eines Zahnflankenbruches trotz der durchgeführten Versuche nicht erzielt wurde, werden das Analogiekonzept und die Berechnungsmethode in Kapitel 7.4 kritisch beleuchtet und es werden Unterschiede im Vergleich zum Laufversuch aufgezeigt. Des Weiteren werden die Vergleichsspannungsansätze mit Blick auf ihre Anwendbarkeit bei Wälzbeanspruchung bewertet.

Im ersten Schritt wurden die in Kapitel 5.3 verwendeten Vergleichsspannungsansätze zur Berechnung der Zahnflankenbruchtragfähigkeit von Prüfverzahnungsvariante „A3" von KONOWALCZYK auf das Analogiekonzept angewendet, vgl. Bild 5.16 [KONO18]. Des Weiteren wurde anhand der Grenzfestigkeit $\sigma_{W,Grenz}$ in Abwesenheit von Fehlstellen nach MURAKAMI (**Formel 7.1**) überprüft, ob ein Zahnflankenbruchrisiko vorliegt, wenn keine Fehlstelle vorhanden ist [MURA19].

$$\sigma_{W,Grenz} = 1{,}6 \cdot HV \tag{7.1}$$

Es wurde zum einen der Anstrengungstiefenverlauf durch den POI berechnet und zum anderen die Verteilung der Werkstoffanstrengung *A* im Stirnschnitt in der Mitte der Zahnbreite *b*. Dabei wurde der Stirnschnitt in Zahnbreitenrichtung mittig ausgewertet und es wurde die für Geradverzahnungen zulässige Annahme getroffen, dass die Anstrengungsverteilung über der Zahnbreite konstant ist. Für die Berechnung wurde eine konstante Fehlstellengröße von $\sqrt{area}$ = 50 µm angenommen (ausgenommen „MURAKAMI Grenz"). Das berechnete Belastungsprofil war das regeloptimierte Sinusprofil mit den Maximalkräften $F_{prim/sek}$= -70/+30 kN, bei dem die meisten Versuche durchgeführt wurden. Die Gegenüberstellung ist in **Bild 7.8** dargestellt.

Wie in Kapitel 6.5 bereits vorgestellt, liegt mit der erweiterten WZL-Tragfähigkeitsberechnung ein rechnerisches Zahnflankenbruchrisiko im Bereich des POI vor. Die Werkstoffanstrengung erreicht ihr Maximum von A_{max} = 1,83 in einer relativen Tiefe von t/CHD_{550} = 2,18, vgl. Bild 7.8 „ZENNER/LIU". Im gesamten Zahn liegt ein kritisches, relativ beanspruchtes Volumen von V_{rel} = 4,1 % vor. Liegt keine Fehlstelle im Gefüge vor, wird nach MURAKAMI eine Matrixfestigkeit nach Formel 7.1 angenommen, Bild 7.8 „MURAKAMI Grenz" [MURA19]. In diesem Fall liegt rechnerisch keine zahnflankenbruchkritische Beanspruchung im Bereich des POI vor. Die maximale Werkstoffanstrengung beträgt A_{max} = 0,62 in einer relativen Tiefe von t/CHD_{550} = 2,24. Folglich muss eine Fehlstelle in unmittelbarer Umgebung des POI vorliegen, um einen Zahnflankenbruch zu initiieren.

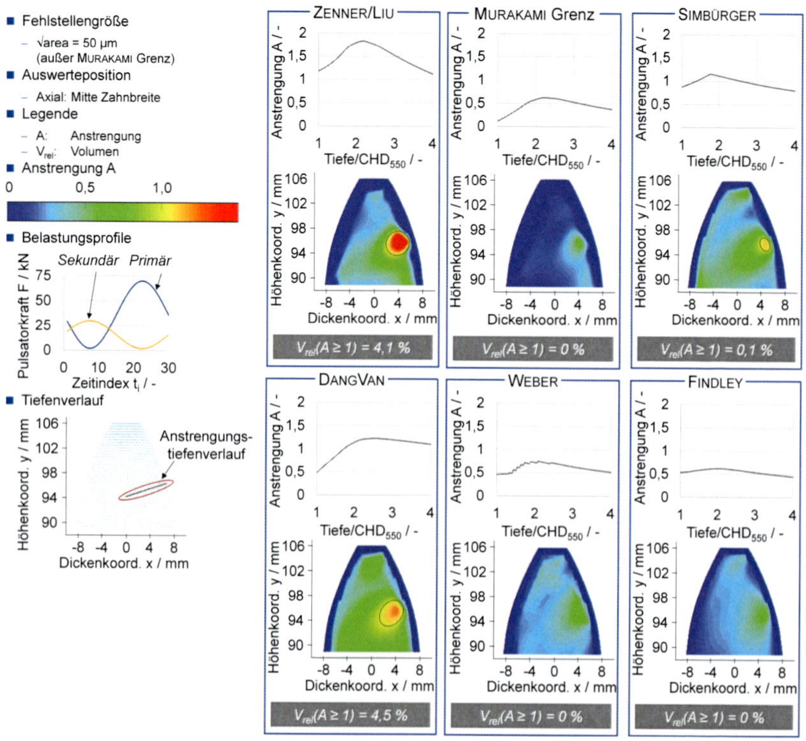

Bild 7.8: Gegenüberstellung Vergleichsspannungsansätze für den Analogieversuch

Mit dem Vergleichsspannungsansatz nach SIMBÜRGER liegt eine zahnflankenbruchkritische Beanspruchung mit einem Maximum von A_{max} = 1,15 in einer relativen Tiefe von t/CHD_{550} = 1,76 vor, Bild 7.8 „SIMBÜRGER" [SIMB75]. Der Anstrengungsplot im Stirnschnitt zeigt auf, dass lediglich ein kleines relatives Volumen von V_{rel} = 0,1 % kritisch beansprucht wird. Der Vergleichsspannungsansatz nach DANGVAN kommt zu einer maximalen Werkstoffanstrengung am POI von A_{max} = 1,23 in einer relativen Tiefe von t/CHD_{550} = 2,53, Bild 7.8 „DANGVAN" [DANG89]. Das kritisch beanspruchte relative Volumen liegt bei V_{rel} = 4,5 % und damit in einer ähnlichen Größenordnung wie bei Verwendung des Vergleichsspannungsansatzes nach ZENNER/LIU, wobei die lokalen Anstrengungen im Vergleich zu ZENNER/LIU niedriger sind [LIU03]. Die Vergleichsspannungsansätze nach WEBER und nach FINDLEY prognostizieren kein Zahnflankenbruchrisiko, weder im Bereich des POI, noch an anderen Positionen im Zahnvolumen, vgl. Bild 7.8 „WEBER" und „FINDLEY" [FIND59, WEBE15].

Bezogen auf die experimentellen Ergebnisse im Analogieversuch liefern die Ansätze nach SIMBÜRGER, WEBER und FINDLEY eine bessere Abschätzung der Zahnflankenbruchtragfähigkeit als der Ansatz nach ZENNER/LIU [FIND59, SIMB75, LIU03,

WEBE15]. Bei einer Fehlstellengröße $\sqrt{area}$ = 50 µm wird kein Zahnflankenbruchrisiko oder ein sehr niedriges Zahnflankenbruchrisiko vorhergesagt. Unter Berücksichtigung der Validierungsergebnisse in Kapitel 5.3 ist die Anwendung der Vergleichsspannungsansätze nach WEBER und FINDLEY jedoch unzulässig, da die berechneten Zahnflankenbruchtragfähigkeiten und Rissausgangsorte im Laufversuch stark von den experimentellen Ergebnissen abweichen, vgl. Bild 5.16 [FIND59, WEBE15]. Damit fehlt die Validierungsbasis zur Anwendung dieser Vergleichsspannungshypothesen in der WZL-Zahnflankenbruchberechnung.

Der Ansatz nach SIMBÜRGER liefert für Geradverzahnungen mit Normalmodul m_n = 8 mm einerseits eine bessere Abschätzung der Zahnflankenbruchtragfähigkeit im Laufversuch und andererseits eine bessere Abschätzung der Zahnflankenbruchtragfähigkeit im Analogieversuch, da die Abweichung zwischen Berechnung und Experiment beim Laufversuch geringer ausfällt und das prognostizierte, zahnflankenbruchkritische Volumen im Analogieversuch geringer ist als mit dem Ansatz nach ZENNER/LIU [SIMB75, LIU03]. Im Vergleich zum Ansatz nach ZENNER/LIU wird jedoch die Position der Rissausgangsorte im Laufversuch auf zu hohen Durchmessern und zu geringen Tiefenlagen vorhergesagt, vgl. Bild 5.16. Demzufolge müsste die Position des Primäraktuators auf einem höheren Durchmesser liegen, um das kritisch beanspruchte relative Volumen V_{rel} mit dem Ansatz nach SIMBÜRGER zu steigern, was sich nicht mit den Rissausgangsorten der Zahnflankenbrüche im Laufversuch deckt [SIMB75].

Die Berechnung des Grenzfalles „MURAKAMI Grenz" in Abwesenheit von Fehlstellen zeigt auf, dass eine Fehlstelle in unmittelbarer Umgebung des POI vorhanden sein muss, um einen Zahnflankenbruch zu initiieren. Der ursprüngliche Gedanke des Analogiekonzeptes, die Abwesenheit von Fehlstellen oder sehr kleine Fehlstellen im Bereich des POI durch Erhöhung der Belastung zu kompensieren, scheint daher nur begrenzt zu funktionieren, da andere Schadensmechanismen bei Belastungen an der Prüfstandsgrenze auftreten (Zahnfußbrüche oder Radkörperbrüche), vgl. Kapitel 7.3. Folglich muss ein statistischer Einfluss von Fehlstellen berücksichtigt werden, da im Laufversuch alle Zähne eines Zahnrades auf ihre Zahnflankenbruchtragfähigkeit geprüft werden und im Analogieversuch lediglich ein Zahn des Zahnrades. Ansätze zur Berücksichtigung von statistischen Effekten auf die Tragfähigkeit bei Ersatzversuchen sind bei der Untersuchung der Zahnfußtragfähigkeit im Pulsatorversuch bekannt und es werden Empfehlungen zur Umrechnung im FVA-Merkblatt 0/5 gegeben [STAH12]. Die Ergebnisse sind nicht unmittelbar auf den Zahnflankenbruch übertragbar, da Zahnfußbrüche im Lastspielzahlbereich bis $N_{max} = 3 \cdot 10^6$ Lastspiele oberflächeninduziert sind und die Rissinitiierung an Rauheitstälern im Zahnfußbereich stattfindet. Des Weiteren werden bei der Zahnfußtragfähigkeitsprüfung im Pulsatorversuch zwei Zähne eines Zahnrades geprüft.

Um die Erzeugung von Zahnflankenbrüchen im Analogieversuch nachzuweisen, könnten Zahnräder mit gezielt eingebrachten Defekten verwendet werden. Hierzu kann beispielsweise eine Bohrung eingebracht werden, die einen für eine Fehlstelle repräsentativen Durchmesser aufweist und bis in den Bereich des Auslaufs der Härteschicht reicht. Nach MURAKAMI kann der tragfähigkeitsmindernde Effekt von Werkstoffdefekten durch Bohrungen abgebildet werden [MURA19]. Das Auftreten von Grübchen infolge einer Vorschädigung, wie es von KÖNIG aufgezeigt wurde, ist nicht zu erwarten, da durch das Pulsatorkonzept kein Wälzkontakt, sondern ein ortsfester HERTZ'scher Kontakt vorliegt [KÖNI20]. Ein derartiges Vorgehen könnte die generelle Funktionalität des Analogiekonzeptes aufzeigen und darüber hinaus auch in der Praxis Anwendung finden, um die Zahnflankenbruchtragfähigkeit für eine spezifische Auslegung zu ermitteln. Bei Kenntnis des Bohrungsdurchmessers, sowie des Härtetiefenprofils, kann die lokale Anstrengung A für das Zahnvolumen nach der in Kapitel 5 vorgestellten Berechnungsmethode bestimmt werden. Anschließend kann der Ort der höchsten Anstrengung A zur Wahl der Bohrungsposition herangezogen werden. Auf diese Weise wird ein Werkstoffdefekt am Ort der höchsten Anstrengung A gezielt eingebracht und die Aktuatoren werden zur Erzeugung der größtmöglichen Beanspruchung entsprechend positioniert. Inwiefern die eingebrachte Bohrung den Eigenspannungszustand in der unmittelbaren Umgebung beeinflusst, muss in künftigen Arbeiten ermittelt werden.

Des Weiteren kann zum Nachweis der Funktionalität des Analogiekonzeptes eine Schmelze verwendet werden, in der makroskopische Werkstoffdefekte gezielt eingebracht und im Bereich der aktiven Zahnflanke positioniert werden. Dieses Vorgehen eignet sich hingegen nicht für die praktische Anwendung, sondern lediglich zur gezielten Erzeugung von Zahnflankenbrüchen mit den Analogieprüfstand.

Durch eine Erhöhung der Primäraktuatorkraft kann eine Erhöhung der Anstrengung in Folge HERTZ'scher Kontaktabplattung bei gleichzeitig niedrigem Risiko eines Zahnfußbruches oder Radkörperbruches angestrebt werden. Dazu wäre eine Erweiterung des Prüfstandskonzeptes erforderlich. Die dynamische Maximalkraft des Primäraktuators beträgt $F_{prim,max}$ = -80 kN. Die dynamische Maximalkraft kann aufgrund der geringen Leistung des Wärmetauschers, welcher die Wärme aus dem Kühlkreislauf des Hydrauliksystems in den Kühlkreislauf des Prüflabors abführt, nicht über einen Zeitraum von mehreren Millionen Lastspielen aufrechterhalten werden. Aus diesem Grund muss im ersten Schritt ein größerer Wärmetauscher verwendet werden. Sollte die dynamische Maximalkraft dennoch zu niedrig sein, muss der Primäraktuator durch ein Modell mit höherer Kraft getauscht werden. Da ein Aktuator mit höherer Kraft größere Abmessungen aufweist, ist die Anpassung mit konstruktivem Aufwand verbunden.

In der experimentellen Versuchsreihe von KONOWALCZYK wurden N = 13 gültige Versuche bei der Versuchsvariante „A1“ und N = 9 gültige Versuche bei der Versuchsvariante „A3“ durchgeführt, vgl. Bild 6.2 [KONO18]. Da bei beiden Varianten sowohl die Ritzel, als auch die Räder mit Zahnflankenbruch ausgefallen sind, wird davon ausgegangen, dass Ritzel und Rad die gleiche Zahnflankenbruchtragfähigkeit aufweisen. Das Ritzel wies eine Zähnezahl von z_1 = 24 Zähnen und das Rad eine Zähnezahl von z_2 = 25 Zähnen auf. Damit wurden in jedem Versuch 49 Einzelzähne hinsichtlich ihrer Zahnflankenbruchtragfähigkeit geprüft. Der Schadenseintritt erfolgte am schwächsten Zahn, also dem Zahn der im Bereich hoher Beanspruchung die größte Fehlstelle aufwies. Für alle Versuche entspricht dies einer variantenübergreifend geprüften Zähnezahl von z = 1078 Einzelzähnen. Im Analogieversuch wurden variantenübergreifend in

Summe 22 Versuche durchgeführt, wobei ein Versuch einem geprüften Einzelzahn entsprach. Damit entsprach die geprüfte Zähnezahl im Analogieversuch 2 % derer aus dem Laufversuch. Das im Analogieversuch hinsichtlich Zahnflankenbruch geprüfte Volumen ist damit um ein Vielfaches geringer als im Laufversuch. Hier kann ein Nachteil des Analogiekonzeptes aufgezeigt werden, da die Zahnflankenbruchtragfähigkeit maßgeblich von makroskopischen Fehlstellen beeinflusst wird, welche zu einem geringen Prozentsatz im Werkstoff vorliegen. Die Prüfung eines ganzen Zahnrades anstelle einzelner Zähne ist von Vorteil, um innerhalb eines Versuches das größtmögliche Volumen abzuprüfen. Daraus kann schlussgefolgert werden, dass für den Einsatz des Analogieversuches in der Praxis eine vorgelagerte Ultraschallprüfung der Zahnräder auf makroskopische Einschlüsse zwingend erforderlich ist, um die schwächsten Zähne eines Zahnrades zu identifizieren und für den Analogieversuch zu verwenden. Sollte sich die künstliche Einbringung eines Defektes durch eine gezielte Bohrung als zielführend erweisen, könnte dies ebenfalls für die praktische Untersuchung in Betracht gezogen werden.

Die Abwesenheit von Rissnetzwerken bei der computertomographischen Untersuchung kann einerseits auf den statistischen Fehlstelleneffekt zurückzuführen sein, da möglicherweise bei dem analysierten Einzelzahn keine große Fehlstelle im Bereich des POI vorlag, die eine Rissinitiierung begünstigt hätte. Zum anderen liegt möglicherweise ein Defizit in den aktuell verwendeten Vergleichsspannungsansätzen zur Bewertung der Wälzbeanspruchung vor. In **Bild 7.9** sind die Spannungs-Zeitverläufe am POI für den Laufversuch und den Analogieversuch gegenübergestellt.

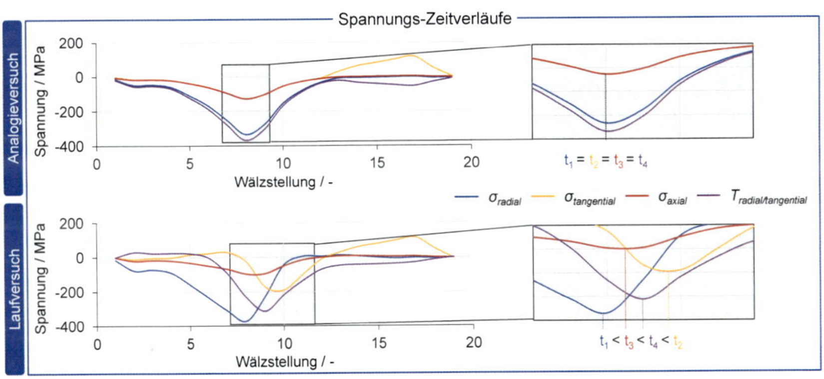

Bild 7.9: Spannungs-Zeitverläufe am Point of Interest (POI)

Die Belastung erfolgte mit dem Belastungsprofil „Optimiertes Sinusprofil“ und den Maximalkräften $F_{prim/sek}$= -70/+30 kN. Dargestellt sind die drei Normalspannungskomponenten, sowie die Schubspannungskomponente in der radial/tangentialen Ebene $\tau_{rad/tan}$. Die beiden Schubspannungskomponenten in der axialen Ebene $\tau_{rad/ax}$ und $\tau_{tan/ax}$ können für die untersuchte Geradverzahnung als vernachlässigbar klein angenommen werden. In Bild 7.9 oben ist der Spannungs-Zeitverlauf im Analogieversuch abgebildet.

Aufgrund der ortsfesten Positionierung des Primäraktuators erreichen alle Spannungskomponenten in der gleichen Wälzstellung ihr betragsmäßiges Maximum. Damit liegt eine proportionale mehrachsige Beanspruchung vor [HAIB06]. Der Spannungs-Zeitverlauf des Laufversuches in Bild 7.9 unten zeigt auf, dass die betragsmäßigen Maxima der Einzelspannungskomponenten bei einer wälzenden Belastung zeitversetzt aufeinander folgen. Damit liegt eine nichtproportionale mehrachsige Beanspruchung vor [HAIB06].
Es ist bekannt, dass Materialien unterschiedlich auf nichtproportionale Beanspruchungen reagieren [RADA07, BARG11, SONS11]. Während duktile Materialien zu einer Tragfähigkeitsminderung unter nichtproportionaler Beanspruchung neigen, ist bei spröden Materialien überwiegend eine Steigerung der Tragfähigkeit unter nichtproportionaler Beanspruchung zu beobachten [RADA07, BARG11, SONS11]. Außerdem gibt es Werkstoffsysteme, in denen sich die Zeitfestigkeitsgeraden zwischen proportionaler und nichtproportionaler Beanspruchung schneiden [SONS11]. Für solche Fälle kann eine einzige Festigkeitshypothese folglich nicht ausreichend sein.

Inwiefern die in dieser Arbeit analysierten Vergleichsspannungsansätze für suboberflächeninduzierte Schäden bei den gezeigten Beanspruchungssituationen und einsatzgehärteten Einsatzstählen bis in den Bereich hoher Lastspielzahlen anwendbar sind, bleibt eine offene Fragestellung. Im Stand der Technik erfolgen derartige Grundlagenuntersuchungen an homogenen Werkstoffen nach DIN 50100 bis zu einer Grenzlastspielzahl von $N_G = 10^7$ Lastspielen [DIN21]. Aufgrund der Einsatzhärtung kommt es in der Randschicht hingegen zu verschiedenen Gefüge- und Eigenspannungszuständen. Außerdem tritt der Zahnflankenbruch vermehrt im Bereich hoher Lastspielzahlen ($N_L > 10^7$) auf. Für den Fall, dass ein Zahnflankenbruch nicht unter proportionaler mehrachsiger Beanspruchung erzeugt werden kann, sollte eine Erweiterung des Prüfstandskonzeptes auf eine wälzende Beanspruchung am Primäraktuator erfolgen. Dazu kann beispielsweise ein Festkörpergelenk in Kombination mit einem zusätzlichen Aktuator verwendet werden, welches die Pulsatorbacke auf der Zahnflanke zyklisch auf- und abwälzen lässt. Das Konzept bietet neben der Erzeugung eines nichtproportionalen, mehrachsigen Beanspruchungszustandes den Vorteil, dass ein höheres Zahnvolumen im Vergleich zu einer ortsfesten Positionierung des Primäraktuators geprüft wird.

7.5 Fazit

Conclusion

Kapitel 7 umfasst die experimentellen Untersuchungen mit dem neuartigen Analogiekonzept. Dazu wurde im ersten Schritt ein Versuchsprogramm mit den Variationsgrößen „Zahnradvariante“, „Belastungsprofil“ und „Maximalkräfte“ erstellt. Der Grundgedanke bei der Wahl der Belastungsprofile und der Maximalkräfte war eine gezielte Überhöhung der lokalen Werkstoffanstrengung *A* am POI, um einen Zahnflankenbruch im Bereich der Zeitfestigkeit zu provozieren. Weitere Versuchsparameter wie die Temperatur, die Prüffrequenz oder die Position der Aktuatoren wurden konstant gehalten.

Mit dem gewählten Versuchsprogramm konnte kein Zahnflankenbruch erzeugt werden. Es wurden sowohl Ritzel als auch Gegenräder experimentell untersucht. Des Weiteren wurden Einzelzähne untersucht, die eine Vorbelastung im Laufversuch erfahren haben. In Einzelfällen kam es zu oberflächeninduzierten Zahnfußbrüchen im Bereich der 30°-Tangente. Diese Schäden traten dann auf, wenn der abgesetzte Zahnfuß vor dem Versuch drahterosiv entfernt wurde und das Belastungsprofil „Versetztes Sinusprofil" angewendet wurde. Der Grund für das Auftreten war die Reduktion des Zahnquerschnittes im Zahnfußbereich in Kombination mit einer überlagerten Biegebeanspruchung aus Primär- und Sekundäraktuatorbelastung. Bei Versuchen mit abgesetztem Zahnfuß und dem Belastungsprofil „Versetztes Sinusprofil" kam es in Einzelfällen zu Radkörperbrüchen. Die Rissinitiierung erfolgte oberflächeninduziert im Bereich des Übergangs zum Radkörper und kann auf die Kerbwirkung in Kombination mit der überlagerten Biegebeanspruchung aus Primär- und Sekundäraktuatorbelastung erklärt werden. Bei den Varianten mit abgesetztem Zahnfuß ist die Kerbe im Übergang zum Radkörper trotz des höheren Querschnittes im Vergleich zum Zahnfuß die Stelle mit höchster Biegebeanspruchung, da der Biegehebelarm größer ist. Zusammenfassend war es nicht möglich, mit dem Analogiekonzept reproduzierbar Zahnflankenbrüche zu erzeugen. Damit muss Forschungshypothese 3 falsifiziert werden.

Abschließend wurde das Analogiekonzept kritisch hinterfragt, um Erklärungsansätze für das Ausbleiben von Zahnflankenbrüchen im Analogieversuch zu liefern. Anhand der Gegenüberstellung der Vergleichsspannungsansätze konnte aufgezeigt werden, dass der Ansatz nach Simbürger möglicherweise eine bessere Vorhersagegüte in Bezug auf Lauf- und Analogieversuch liefert, auch wenn eine Rissinitiierung im Laufversuch im Bereich höherer Durchmesser und geringerer Tiefenlagen prognostiziert wird und es im Analogieversuch kritische Bereiche mit einer Anstrengung $A > 1$ gibt [SIMB75]. Eine umfassende Validierung des alternativen Vergleichsspannungsansatzes an den vorgestellten Praxis- und Forschungsverzahnungen in Kapitel 5.3 steht aus. Erste Validierungsrechnungen an den großmoduligen Praxisverzahnungen aus dem Bereich Windenergie zeigen eine nicht konservative Abschätzung der Tragfähigkeit. Die Berechnung der Tragfähigkeit in Abwesenheit von Fehlstellen führte zu keinem Zahnflankenbruchrisiko, weshalb das Vorhandensein einer Fehlstelle in unmittelbarer Umgebung des POI zwingende Voraussetzung ist. Der statistische Effekt von Fehlstellen muss entsprechend berücksichtigt werden. Hierbei birgt das Analogiekonzept einen Nachteil, da ein Einzelzahn eines Zahnrades geprüft wird, wohingegen beim Laufversuch alle Zähne eines Zahnrades geprüft werden. Eine Möglichkeit zur Detektion von Zähnen mit großen Fehlstellen bietet die Ultraschallprüfung, welche im Vorfeld der experimentellen Untersuchung durchgeführt werden sollte.

Abschließend wurde anhand von Spannungs-Zeitverläufen am POI der Unterschied zwischen der Beanspruchung im Analogie- und Laufversuch aufgezeigt. Aufgrund der ortsfesten Position des Primäraktuators liegt im Analogieversuch eine proportionale mehrachsige Beanspruchung vor. Der Wälzkontakt zwischen zwei Zahnflanken führt zu einer nichtproportionalen mehrachsigen Beanspruchung. Die Anwendbarkeit derzeit existierender Vergleichsspannungsansätze bei suboberflächeninduzierten Schäden an einsatzgehärteten Einsatzstählen im Bereich hoher Lastspielzahlen unter nicht-proportionaler Beanspruchung bleibt eine offene Forschungsfrage.

8 Zusammenfassung und Ausblick

Aufgrund der stetigen Optimierung der Zahnflanken- und Zahnfußtragfähigkeit in Oberflächennähe treten vermehrt Ermüdungsschäden auf, deren Rissinitiierung unter der Oberfläche stattfindet. Insbesondere der Zahnflankenbruch wird in jüngerer Vergangenheit vermehrt bei Großgetrieben beobachtet und führt zu einem Totalausfall des Getriebes. Die Schadensart ist bei einsatzgehärteten Zahnrädern durch eine Rissinitiierung unterhalb der gehärteten Randschicht an Fehlstellen im Gefüge (z.B. nichtmetallische Einschlüsse, Seigerungen etc.) charakterisiert. Maßgebliche Einflussgrößen auf den Zahnflankenbruch sind die Makrogeometrie, die Belastungsart, -historie und -richtung, sowie Fehlstellen, Härte und Eigenspannungen. Insbesondere Makrogeometrie und Belastung führen zu einer Kombination aus Druckbeanspruchung infolge der HERTZ'schen Kontaktabplattung und einer Schub-/Zugbeanspruchung infolge des Querschubes und der Zahnbiegung im Bereich des potenziellen Rissausgangsortes. Es resultiert ein nichtproportionaler, mehrachsiger Spannungszustand. Die Beschreibung des Beanspruchungszustandes wird in den existierenden Berechnungsansätzen unterschiedlich gelöst, indem verschiedene Vergleichsspannungshypothesen aus den Kategorien „Empirisch“, „Kritische Schnittebene bzw. Hauptspannungsebene“ und „Integrale Anstrengung/Vergleichsspannung“ angewendet werden. Eine experimentelle Validierung der Berechnungsansätze ist aktuell nicht möglich, da es kein experimentelles Verfahren zur reproduzierbaren und von anderen Schadensarten losgelösten Erzeugung von Zahnflankenbrüchen gibt. Daraus leitet sich der Bedarf eines Analogieversuches für die Schadensart Zahnflankenbruch ab. Das Ziel dieser Arbeit war die Überführung des zahnflankenbruchkritischen Beanspruchungszustandes vom Laufversuch auf einen Analogieversuch und der Aufbau eines Analogieprüfstandes zur Erzeugung von Zahnflankenbrüchen im Analogieversuch.

Zur Erreichung der Zielsetzung wurde die bestehende Methode zur Berechnung der Zahnflankenbruchtragfähigkeit am WZL in einem ersten Schritt kritisch reflektiert und erweitert. Die erweiterte Berechnungsmethode wurde an einer Vielzahl von Forschungs- und Praxisverzahnungen validiert, wobei der Fokus auf einem breiten Baugrößenspektrum lag. Mit Abschluss der Validierung stand eine Methode zur Verfügung, die eine lokale Bewertung der Zahnflankenbruchgefahr in Abhängigkeit der äußeren Belastung ermöglicht. Mit der validierten Berechnungsmethode wurde eine Analyse makrogeometrischer Kenngrößen durchgeführt und es konnten Empfehlungen für eine gegenüber Zahnflankenbruch robuste Auslegung abgeleitet werden.

Mit einer zahnflankenbruchkritischen Zahnradcharge aus der Versuchsreihe von KONOWALCZYK wurde im zweiten Schritt ein Point of Interest (POI) definiert, welcher im Zentrum aller Rissausgangsorte im Laufversuch lag und dessen Beanspruchung im Laufversuch durch eine äußere Belastung mit zwei Pulsatoren abgebildet wurde. Dazu wurde eine automatisierte Methode zur Bestimmung der Pulsatorkräfte implementiert. Es konnte eine hohe Korrelation der Spannungstensor-Zeitverläufe zwischen Lauf- und Analogieversuch erzielt werden. Aus den errechneten Pulsatorkräften und Verformungen des Zahnsegmentes im Analogieversuch wurden Anforderungen an das Prüfkonzept abgeleitet. Der Grundgedanke des Analogieprüfstandes ist die Untersuchung eines Einzelzahnes im Pulsatorversuch, wobei der Pulsator aus zwei Aktuatoren bestand. Es wurde ein hydraulischer Doppelpulsator konstruiert, der bis zu den dynamischen Pulsatorkräften von F_{prim} = -70 kN und F_{sek} = +30 kN bei einer Prüffrequenz von f = 25 Hz stabil geregelt werden konnte. Abschließend wurde die Zahnflankenbruchtragfähigkeit im Lauf- und Analogieversuch rechnerisch geprüft, indem die lokalen Werkstoffanstrengungen im Bereich des POI analysiert wurden. Es wurde nachgewiesen, dass ein zahnflankenbruchkritischer Bereich im Analogieversuch vorliegt, welcher in Abhängigkeit der Belastung und Phasenverschiebung des Sinusprofils größer sein kann als im Laufversuch und zu höheren Anstrengungen führt als der Laufversuch.

Abschließend wurden Langzeitversuche mit dem entwickelten Analogieprüfstand durchgeführt. Dazu wurde ein Versuchsprogramm definiert, welches zu einer gezielt überhöhten Beanspruchung am POI führte. Trotz experimenteller Untersuchung verschiedener Zahnradgeometrien bei unterschiedlichen Maximalkräften und Belastungsprofilen konnte kein Zahnflankenbruch erzeugt werden. Stattdessen kam es zu Zahnfußbrüchen oder Radkörperbrüchen, welche auf eine überlagerte Beanspruchung infolge Primär- und Sekundäraktuatorbelastung zurückgeführt wurden. Da keine Zahnflankenbrüche erzeugt wurden, wurde das Analogiekonzept kritisch hinterfragt. Es wurde rechnerisch aufgezeigt, dass das Vorliegen einer Fehlstelle in unmittelbarer Umgebung des POI Voraussetzung für die Erzeugung eines Zahnflankenbruches ist. Dadurch ergaben sich Nachteile im Analogieversuch, da nur ein Einzelzahn anstelle eines ganzen Zahnrades in einem Versuch geprüft wurde. Für ein Zahnrad wurde eine Ultraschallprüfung vor dem Versuch durchgeführt und es konnten keine Fehlstellen mit einem Durchmesser $d_{min} \geq 55$ µm detektiert werden. In einer nach dem Versuch durchgeführten Computertomographie wurde kein Rissnetzwerk festgestellt, woraus schlussgefolgert wurde, dass keine Rissinitiierung stattgefunden hat. Außerdem wurde anhand der Spannungs-Zeitverläufe am POI aufgezeigt, dass es sich bei der Analogiebelastung aufgrund der ortsfesten Position des Primäraktuators um eine mehrachsige, proportionale Beanspruchung handelt, während es sich bei dem realen Zahnkontakt um eine mehrachsige, nichtproportionale Beanspruchung handelt.

Das Ziel dieser Arbeit konnte damit nicht erreicht werden. Das Potenzial des Analogieprüfstandes ist dennoch hoch und eine Erzeugung von Zahnflankenbrüchen wahrscheinlich. Ausblickend müssen die empirischen Formeln nach MURAKAMI auf ihre Anwendbarkeit bei internen Fehlstellen in einsatzgehärteten Einsatzstählen im Lastspielzahlbereich bis $N_L = 1 \cdot 10^8$ und bei einem Fehlstellenparameter $\sqrt{area} > 1000$ µm hin überprüft werden [MURA19]. Sollte ein Riss nur unter mehrachsiger, nichtproportionaler Beanspruchung initiiert werden können, muss die Konstruktion um eine Abwälzbewegung des Primäraktuators während der Lastaufprägung erweitert werden.

Summary and Outlook

Due to the continuous optimization of the tooth flank and tooth root load-carrying capacity in the near surface zone, fatigue damages became more frequent, where the crack initiation takes place below the surface. Tooth flank fractures in particular has been observed increasingly in large gearboxes in the recent past and lead to a total breakdown of the gearbox. In case-hardened gears, the tooth flank fracture is characterized by a crack initiation below the hardened surface layer at defects in the microstructure (e.g. non-metallic inclusions, segregations, etc.). The macro-geometry, the type, history and direction of loading, as well as defects, hardness and residual stresses have a decisive influence on tooth flank fractures. In particular, macro-geometry and loading lead to a combination of compressive stress due to HERTZIAN contact flattening and shear/tensile stress due to transverse shear and tooth bending in the region of the potential crack initiation zone. The result is a non-proportional, multi-axial stress state. The definition of the stress state is solved differently in the existing calculation approaches by applying different equivalent stress hypotheses from the categories "Empirical", "Critical section plane or principal stress plane" and "Integral exposure/equivalent stress". Experimental validation of the calculation approaches is currently not possible because there is no experimental procedure for a reproducible generation of tooth flank fractures that is detached from other types of damage. This leads to the need for an analogy test for tooth flank fracture. The objective of this work was to transfer the tooth flank fracture-critical loading condition from the running test to an analogy test and to set up an analogy test rig for the generation of tooth flank fractures in the analogy test.

To achieve the objective, the existing method for calculating the tooth flank fracture load capacity at WZL was reviewed and expanded in a first step. The extended calculation method was validated on a large number of research and industrial gears with the focus on a wide range of gearbox sizes. With the completion of the validation, a method was available that enabled local evaluation of the risk of tooth flank fracture as a function of the external load. With the validated calculation method, an analysis of macrogeometric parameters was carried out and recommendations for a robust design against tooth flank fracture could be derived.

In the second step, a point of interest (POI) was defined with a tooth flank fracture critical gear batch from the KONOWALCZYK test series, which was located in the center of all crack initiation zones in the running test and whose stress in the running test was reproduced by an external load with two pulsators. For this purpose, an automated method for determining the pulsator forces was implemented. A high correlation of the stress tensor squences between the running and analogy tests was achieved. Requirements for the test concept were derived from the calculated pulsator forces and deformations of the tooth segment in the analogy test. The basic idea of the analogy test rig was the examination of a single tooth in the pulsator test, whereby the pulsator consisted of two actuators. A hydraulic double pulsator was constructed, which allowed testing up to the dynamic pulsator forces of F_{prim} = -70 kN and F_{sek} = +30 kN at a test frequency of $f = 25$ Hz. Finally, the tooth flank fracture load capacity was calculated in the running as well as the analogy test by analyzing the local material strains in the area of the POI. It was verified that there is a tooth flank fracture critical region in the analogy test, which can be larger than in the running test depending on the load and phase shift of the sinusoidal profile and which leads to higher efforts than the running test.

Finally, long-term tests were carried out with the analogy test rig. For this purpose, a test program was defined, which led to an excessive exposure at the POI compared to the running test. Despite experimental testing of various gear geometries at different maximum forces and load profiles, tooth flank fractures could not be produced. Instead, tooth root fractures or gear rim fractures occurred, which were attributed to a stress overlap due to primary and secondary actuator loading. Since no tooth flank fractures were produced, the analogy concept was critically reflected. It was shown by calculation that the presence of a defect in the vicinity of the POI is a prerequisite for the generation of a tooth flank fracture. This resulted in disadvantages for the analogy test, since only a single tooth was tested in a test instead of a whole gear. For one gear, an ultrasonic inspection was performed before the test and no defects with a diameter $d_{min} \geq 55$ µm could be detected. In a computer tomography performed after the test, no crack network was detected, which pointed to the fact that no crack initiation occurred. In addition, the stress squences at the POI showed that the loading in the analogy test is a multiaxial, proportional loading due to the fixed position of the primary actuator, while the real tooth contact is a multiaxial, non-proportional loading.

The objective of this work could therefore not be achieved. Nevertheless, the potential of the analogy test rig is high and a generation of tooth flank fractures is likely. In future investigations, the empirical formulas according to MURAKAMI need to be validated for their applicability for internal defects in case-hardened gears in the load cycle range up to $N_L = 1 \cdot 10^8$ and for a flaw parameter $\sqrt{area} > 1000$ µm [MURA19]. If a crack can only be initiated under multi-axial, non-proportional loading, the design must be extended to include a rolling motion of the primary actuator during load application.

9 Literaturverzeichnis

Bibliography

[AIRY62] Airy, G.: On the Strains in the Interior of Beams. In: Phil. Trans. R. Soc. London, 153. Jg., 1862, S. 49–79

[AL16a] Al, B.; Langlois, P.: Analysis of Tooth Interior Fatigue Fracture Using Boundary Conditions from an Efficient and Accurate LTCA. In: Gear Solutions, 2016, S. 33–39

[AL16b] Al, B.; Patel, R.; Langlois: Comparison of Tooth Interior Fatigue Fracture Load Capacity to Standardized Gear Failure Modes. In: AGMA Fall Technical Meeting, 2016, Nr. 22, S. 1–18

[AL16c] Al, B.; Patel, R.; Langlois, P.: Finite Element Analysis of Tooth Flank Fracture Using Boundary Conditions from LTCA. In: Gear Technology, 09/10. Jg., 2016, S. 62–68

[AL17] Al, B.; Patel, R.; Langlois, P.: Comparison of Tooth Interior Fatigue Fracture Load Capacity to Standardized Gear Failure Modes. In: Gear Solutions, 2017, S. 47–57

[ANNA03] Annast, R.: Kegelrad-Flankenbruch. Diss. TU München, 2003

[BARG11] Bargel, H.-J.; Schulze, G.: Werkstoffkunde. 11. Aufl. Heidelberg: Springer Vieweg, 2011

[BAUE17] Bauer, C.: Untersuchungen der Tragfähigkeit von Verzahnungen bezüglich zahninternen Versagens. Diss. TU Dresden, 2017

[BAUE95] Bauer, E.: Beispiele für Verzahnungsschäden, ausgehend von innenliegenden Fehlstellen. In: Allianz Report, 68. Jg., 1995, Nr. 6, S. 230–238

[BEER15] Beermann, S.: Tooth Flank Fracture – Influence of Macro and Micro Geometry. In: Proceedings of 2015 Fall Technical Meeting. Detroit, 18. - 20. Oktober 2015. Alexandria: American Gear Manufacturers Association, 2015

[BÖHM22] Böhme, S.: Tooth flank fracture in spiral bevel gears - Multiaxial fatigue and material properties. Diss. NTNU, 2022

[BOIA15] Boiadjiev, I.; Witzig, J.; Tobie, T.; Stahl, K.: Tooth Flank Fracture - Basic Principles and Calculation Model for a Sub-Surface-Initiated Fatigue Failure Mode of Case-Hardened Gears. In: Gear Technology, 2015, S. 58–64

[BREC17] Brecher, C.; Löpenhaus, C.; Pollaschek, J.: Automated Defect Size Determination for Gear Tooth Root Bending Strength Simulation. In: WIT Transactions of Engineering Sciences, 2017, Nr. 116, S. 87–97

[BREC18] Brecher, C.; Stahl, K.; Pollaschek, J.; Weber, C.: Lokale Zahnfußtragfähigkeit von Stirnrädern bei Biegewechsellast. Abschlussbericht zum Forschungsvorhaben Nr. 718 I, Heft 1280, Forschungsvereinigung Antriebstechnik e.V., Frankfurt a.M., 2018

[BREC22] Brecher, C.; Brimmers, J.; Goergen, F.: ADI Zahnrad. Tragfähigkeit und Verfestigungspotenzial von Zahnrädern aus ausferritischem Gusseisen (ADI). Abschlussbericht zum FVA Forschungsvorhaben Nr. 822 I, Heft 1477, Forschungsvereinigung Antriebstechnik e.V., Frankfurt a.M., 2022

[BROE22] Broeckmann, C.; Stahl, K.; Fechte-Heinen, R.: Eigenspannungsverläufe Flankenbruch. Erweiterte Berechnung der Flankenbruchgefährdung einsatzgehärteter Zahnräder unter besonderer Berücksichtigung des Eigenspannungszustands in größerer Werkstofftiefe. Abschlussbericht zum Forschungsvorhaben FVA 835 I, Heft 1507, Forschungsvereinigung Antriebstechnik e.V., Frankfurt a.M., 2022

[BRUC06] Bruckmeier, S.: Flankenbruch bei Stirnradgetrieben. Diss. TU München, 2006

[DANG89] Dang Van, K.; Griveau, B.; Message, O.: On a New Multiaxial Fatigue Limit Criterion: Theory and Application. In: Biaxial and Multiaxial Fatigue, 1989, S. 479–496

[DIN07] Norm DIN ISO 14635-1 (März 2007) Zahnräder - FZG-Prüfverfahren - Teil 1: FZG-Prüfverfahren A/8,3/90 zur Bestimmung der relativen Fresstragfähigkeit von Schmierölen.

[DIN10] Norm DIN EN ISO 4287 (Juli 2010) Geometrische Produktspezifikation (GPS) - Oberflächenbeschaffenheit: Tastschnittverfahren - Benennungen, Definitionen und Kenngrößen der Oberflächenbeschaffenheit.

[DIN17] DIN DIN EN 10247 (September 2017) Metallographische Prüfung des Gehaltes nichtmetallischer Einschlüsse in Stählen mit Bildreihen.

[DIN18] Norm DIN ISO 1328 Teil 1 (März 2018) Zylinderräder - ISO-Toleranzsystem - Teil 1: Definitionen und zulässige Werte für Abweichungen an Zahnflanken.

[DIN21] Norm DIN 50100 (September 2021) Schwingfestigkeitsversuch - Durchführung und Auswertung von zyklischen Versuchen mit konstanter Lastamplitude für metallische Werkstoffproben und Bauteile.

[DNV15] Norm DNVGL-CG 0036 (July 2019) Calculation of gear rating for marine transmissions.

[FIND59] Findley, W.: A Theory for the Effect of Mean Stress on Fatigue of Metals Under Combined Torsion and Axial Load or Bending. In: Journal of Engineering for Industry, 81. Jg., 1959, Nr. 4, S. 301–305

[FKM03] Richtlinie FKM (2003) Rechnerischer Festigkeitsnachweis für Maschinenbauteile.

[GOER19] Goergen, F.; Brecher, C.; Löpenhaus, C.: Abbildung der Zahnflankenbeanspruchung durch ein Analogiekonzept zur Erzeugung der Schadensart Zahnflankenbruch. In: Forschung im Ingenieurwesen (Fil), 2019, Nr. 83, S. 589–601

[GOHR82] Gohritz, A.: Ermittlung der Zahnflankentragfähigkeit mittlerer und grosser Getriebe durch Analogieversuche. Diss. RWTH Aachen University, 1982

[HAIB06] Haibach, E.: Betriebsfestigkeit. Verfahren und Daten zur Bauteilberechnung. 3. Aufl. Berlin: Springer, 2006

[HEID83] Heidenreich, R.; Zenner, H.; Richter, I.: Dauerschwingfestigkeit bei mehrachsiger Beanspruchung. Forschungshefte FKM, Heft 105, 1983

[HEIN17] Hein, M.; Tobie, T.; Stahl, K.: Parameter study on the calculated risk of tooth flank fracture of case hardened gears. In: Journal of Advanced Mechanical Design, Systems, and Manufacturing, 11. Jg., 2017, Nr. 6, S. 1–12

[HENS15] Henser, J.: Berechnung der Zahnfußtragfähigkeit von Beveloidverzahnungen. Diss. RWTH Aachen University, 2015

[HERT03] Hertter, T.: Rechnerischer Festigkeitsnachweis der Ermüdungstragfähigkeit vergüteter und einsatzgehärteter Stirnräder. Diss. TU München, 2003

[HÜCK83] Hück, M.: Ein verbessertes Verfahren für die Auswertung von Treppenstufenversuchen. In: Werkstofftechnik, 24. Jg., 1983, S. 406–417

[HURA04] Hurasky-Schönwerth, O.: Einsatzverhalten von PVD-Beschichtungen und biologisch schnell abbaubaren synthetischen Estern im tribologischen System des Zahnflankenkontaktes. Diss. RWTH Aachen University, 2004

[INGE18] Ingeli, J.: Erweiterung der FE-basierten Zahnkontaktanalyse zur normkonformen Grübchentragfähigkeitsberechnung symmetrischer und asymmetrischer Verzahnungen. Diss. RWTH Aachen University, 2018

[ISO16] Norm ISO 6336 Part 5 (August 2016) Calculation of load capacity of spur and helical gears - Part 5: Strength and quality of materials.

[ISO19a] Norm ISO 6336 Part 1 (November 2019) Calculation of load capacity of spur and helical gears - Part 1: Basic principles, introduction and general influence factors.

[ISO19b] Norm ISO 6336 Part 2 (November 2019) Calculation of load capacity of spur and helical gears - Part 2: Calculation of surface durability (pitting).

[ISO19c] Norm ISO/TS 6336 Part 4 (Januar 2019) Calculation of load capacity of spur and helical gears - Part 4: Calculation of tooth flank fracture load capacity.

[KATO91] Kato, M.; Inoue, K.; Deng, G.; Jeong, B.: Strength Evaluation of Carburized Gear Teeth based on Fracture Mechanics. In: Key Engineering Materials, 1991, Nr. 51-52, S. 191–196

[KLEI11] Klein, M.; Höhn, B.-R.; Michaelis, K.; Annast, R.: Theoretical and experimental investigations about flank breakage in bevel gears. In: Industrial Lubrication and Tribology, 2011, Nr. 63-1, S. 5–10

[KLOC17] Klocke, F.; Brecher, C.: Zahnrad- und Getriebetechnik. Auslegung - Herstellung - Untersuchung - Simulation. 1. Aufl. München: Carl Hanser, 2017

[KLOC18] Klocke, F.; Löpenhaus, C.; Konowalczyk, P.: Einfluss des Abschliffbetrags auf die Zahnflankentragfähigkeit großmoduliger einsatzgehärteter Zahnrädern, Forschungsvereinigung Antriebstechnik e.V., Frankfurt a.M., 2018

[KÖNI20] König, J.: Steigerung der Zahnflankentragfähigkeit durch optimierte Fertigung und Schmierung. Diss. TU München, 2020

[KONO18] Konowalczyk, P.: Grübchen- und Zahnflankenbruchtragfähigkeit großmoduliger Stirnräder. Einfluss von Werkstoffreinheitsgrad, Härte- und Eigenspannungstiefenverlauf. Diss. RWTH Aachen, 2018

[LANG79] Lang, O.-R.: Dimensionierung komplizierter Bauteile aus Stahl im Bereich der Zeit- und Dauerfestigkeit. In: Werkstofftechnik, 10. Jg., 1979, S. 24–29

[LANG88] Lang, O.-R.: Berechnung und Auslegung induktiv randschichtgehärteter Bauteile. In: AWT-Tagung "Induktives Randschichthärten", 1988

[LEIM19] Leimann, D.; Smet, W.: Calculation of Tooth Flank Fracture Load Capacity acc. to the method of Leimann. In: Tagungsband zur 4th Conference for Wind Power Drives. Aachen, 12./13.03.2019, 2019, S. 05/1–11

[LEIP68] Leipholz, H.: Einführung in die Elastizitätstheorie. Karlsruhe: Braun-Verlag,1968

[LINK10] Linke, H.: Stirnradverzahnung. Berechnung - Werkstoffe - Fertigung. 2. Aufl. München: Hanser, 2010

[LIU03] Liu, J.; Zenner, H.: Fatigue limit of ductile metals under multiaxial loading. In: Biaxial/Multiaxial Fatigue and Fracture, 2003, S. 147–164

[LIU91] Liu, J.: Beitrag zur Verbesserung der Dauerfestigkeitsberechnung bei mehrachsiger Beanspruchung. Diss. TU Clausthal, 1991

[LÖPE15] Löpenhaus, C.: Untersuchung und Berechnung der Wälzfestigkeit im Scheiben- und Zahnflankenkontakt. Diss. RWTH Aachen University, 2015

[LÖPE18] Löpenhaus, C.; Brecher, C.; Gatterdam, M.: Erweiterte Untersuchung der Fresstragfähigkeit im Zwei-Scheiben-Prüfstand durch umfangsvariablen Schlupfverlauf. In: Tagungsband zur 59. Tribologische Fachtagung. Göttingen, 24.-26.09., 2018

[MACH73] Macherauch, E.; Wohlfahrt, H.; Wolfstieg, U.: Zur zweckmäßigen Definition von Eigenspannungen. In: HTM Journal of Heat Treatment and Materials, 28. Jg., 1973, Nr. 3, S. 201–211

[MACK00] MackAldener, M.; Olsson, M.: Design Against Tooth Interior Fatigue Fracture. 2000, S. 18–24

[MACK01a] MackAldener, M.; Olsson, M.: Tooth Interior Fatigue Fracture - computational and material aspects. In: International Journal of Fatigue, 2001, Nr. 23, S. 329–340

[MACK01b] MackAldener, M.: Tooth Interior Fatigue Fracture & Robustness of Gears. Diss. KTH Stockholm, 2001

[MACK02] MackAldener, M.; Olsson, M.: Analysis of crack propagation during tooth interior fatigue fracture. In: Engineering Fracture Mechanics, 2002, Nr. 69, S. 2147–2162

[MEIS19] Meis, J.-A.: Flank fracture asessment of planet gears. In: Tagungsband zur 4th Conference for Wind Power Drives. Aachen, 12./13.03.2019, 2019, S. 03/1–12

[MOOR58] Moore, M.; Evans, W.: Mathematical Correction for Stress in Removed Layers in X-Ray Diffraction Residual Stress Analysis SAE Technical Papers: SAE International400 Commonwealth Drive, Warrendale, PA, United States, 1958

[MÜLL19] Müller, D.; Tobie, T.; Stahl, K.: Calculation of sub-surface-initiated fatigue fractures in gears. In: European Community on Computational Methods in Applied Sciences (Hrsg.): XIV International Conference on Computational Plasticity - Fundamentals and Applications. Barcelona, 2019, S. 189–200

[MÜLL21] Müller, D.; Tobie, T.; Stahl, K.: Tooth Flank Fracture - Design Process for a New Test Gearing and First Test Results Fall Technical Meeting. Chicago, 01.11. - 03.11. Alexandria, Virginia/ USA: American Gear Manufacturers Association, 2021, S. 1–21

[MURA19] Murakami, Y.: Metal fatigue. Effects of small defects and nonmetallic inclusions. 2. Aufl. London: Elsevier, 2019

[NBN19] Norm NBN E 23-402 (2019) Calcul de la capacité de charge en cas de fracture du flanc de la dent.

[NIEM01] Niemann, G.; Winter, H.; Höhn, B.-R.: Maschinenelemente. Band 1: Konstruktion und Berechnung von Verbindungen, Lagern, Wellen. Bd. Nr. 1, 3. Aufl. Berlin: Springer, 2001

[NIEM03] Niemann, G.; Winter, H.: Maschinenelemente. Band 2: Getriebe allgemein, Zahnradgetriebe - Grundlagen, Stirnradgetriebe. Bd. Nr. 2, 2. Aufl. Berlin: Springer, 2003

[NOVO61] Novozhilov, V.: Theory of Elasticity. New York: Elsevier Science & Technology, 1961

[OCTR18] Octrue, M.; Ghribi, D.; Sainsot, P.: A Contribution To Study The Tooth Flank Fracture (TFF) In Cylindrical Gears. In: Procedia Engineering, 2018, Nr. 213, S. 215–226

[PARK66] Parkus, H.: Mechanik der festen Körper. Wien New-York: Springer Verlag, 1966

[POLL20] Pollaschek, J.: Fertigungsgerechte Zahnfußoptimierung von Stirnrädern. Diss. RWTH Aachen University, 2020

[RADA07] Radaj, D.; Vormwald, M.: Ermüdungsfestigkeit - Grundlagen für Ingenieure. 3. Auflage. Berlin, Heidelberg, New York, 2007

[RÜNG21] Rüngeler, M.: Analyse der Übertragbarkeit des Schrägverzahnungspulsens auf den Laufversuch. Diss. RWTH Aachen University, 2021

[SCHL10] Schlecht, B.: Maschinenelemente 2. Getriebe - Verzahnungen - Lager. München: Pearson Studium, 2010

[SIMB75] Simbürger, A.: Festigkeitsverhalten zäher Werkstoffe bei einer mehrachsigen phasenverschobenen Schwingbeanspruchung mit körperfesten und veränderlichen Hauptspannungsrichtungen. Diss. TH Darmstadt, 1975

[SONS11] Sonsino, C.: Influence of material's ductility and local deformation mode on multiaxial fatigue response. In: International Journal of Fatigue, 2011, Nr. 33, S. 930–947

[STAH12] Stahl, K.; Tobie, T.; Matt, P.: Empfehlungen zur Vereinheitlichung von Tragfähigkeitsversuchen an vergüteten und gehärteten Zylinderrädern. FVA Merkblatt auf Basis von FVA-Merkblatt 0/5 und FVA 563 I, Forschungsvereinigung Antriebstechnik e.V., Frankfurt a.M., 2012

[THOM98] Thomas, J.: Flankentragfähigkeit und Laufverhalten von hart-feinbearbeiteten Kegelrädern. Diss. TU München, 1998

[TOBI01] Tobie, T.: Zur Grübchen- und Zahnfusstragfähigkeit einsatzgehärteter Zahnräder. Einflüsse aus Einsatzhärtungstiefe, Wärmebehandlung und Fertigung bei unterschiedlicher Baugröße. Diss. TU München, 2001

[TOBI02] Tobie, T.; Oster, P.; Höhn, B.-R.: Case Depth and Load Capacity of Case-Carburized Gears. In: Gear Technology, 2002, S. 31–38

[VDI93] VDI Richtlinie VDI 2221 (Mai 1993) Methodik zum Entwickeln und Konstruieren technischer Systeme und Produkte.

[VULL20] Vullo, V.: Gears. Volume 2: Analysis of Load Carrying Capacity and Strength Design. Bd. Nr. 11, 1. Auflage: Springer, 2020

[WEBE15] Weber, R.: Auslegungskonzept gegen Volumenversagen bei einsatzgehärteten Stirnrädern. Diss. Universität Kassel, 2015

[WICK17] Wickborn, C.: Erweiterung der Flankentragfähigkeitsberechnung von Stirnrädern in der Werkstofftiefe - Einfluss von Werkstoffeigenschaften und Werkstoffdefekten. Diss. TU München, 2017

[WIND90] Winderlich, B.: Das Konzept der lokalen Dauerfestigkeit und seine Anwendung auf martensitische Randschichten, insbesondere Laserhärtungsschichten. In: Materialwissenschaften und Werkstofftechnik, 21. Jg., 1990, S. 379–389

[WITZ12] Witzig, J.: Flankenbruch - eine Grenze der Zahnradtragfähigkeit in der Werkstofftiefe. Diss. TU München, 2012

10 Anhang

Appendix

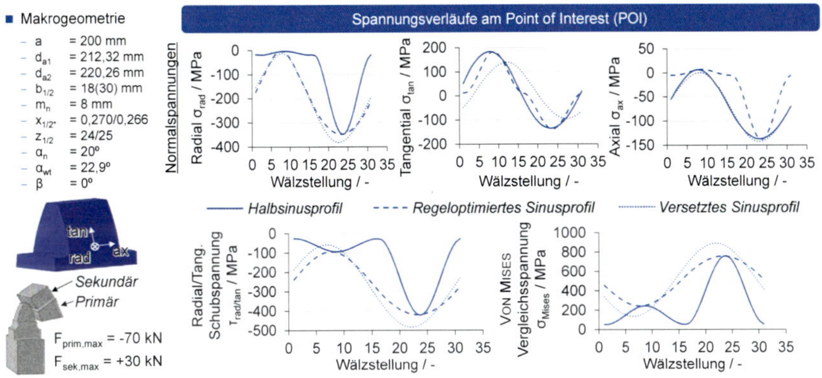

Bild 10.1: Spannungs-Zeitverläufe im Analogieversuch an der Prüfstandsgrenze

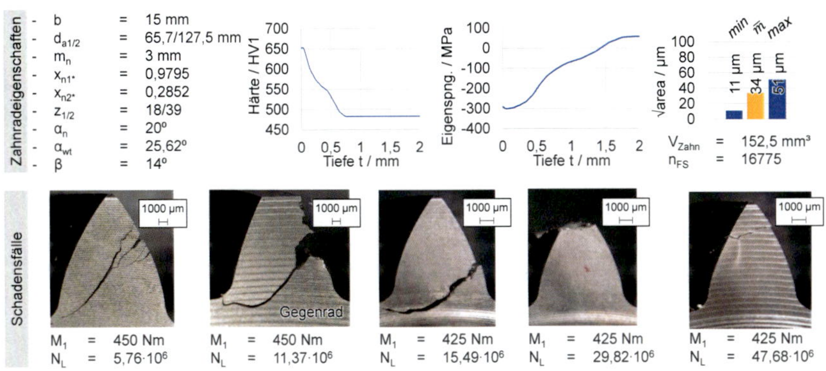

Bild 10.2: Prüfverzahnung 18CrNiMo7-6, Materialeigenschaften der Zahnräder

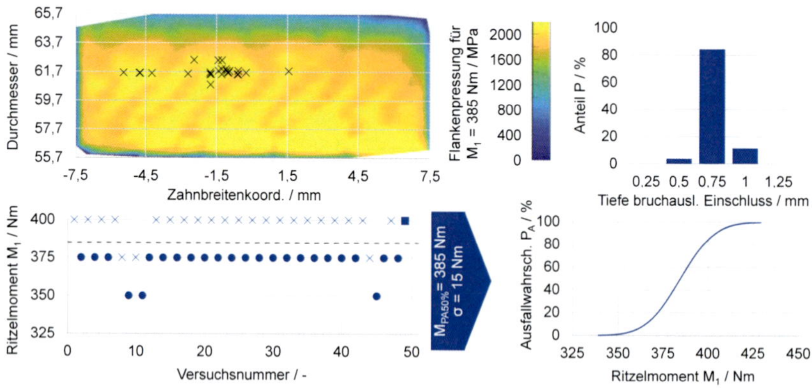

Bild 10.3: Prüfverzahnung 18CrNiMo7-6, Zahnflankenbruchtragfähigkeit

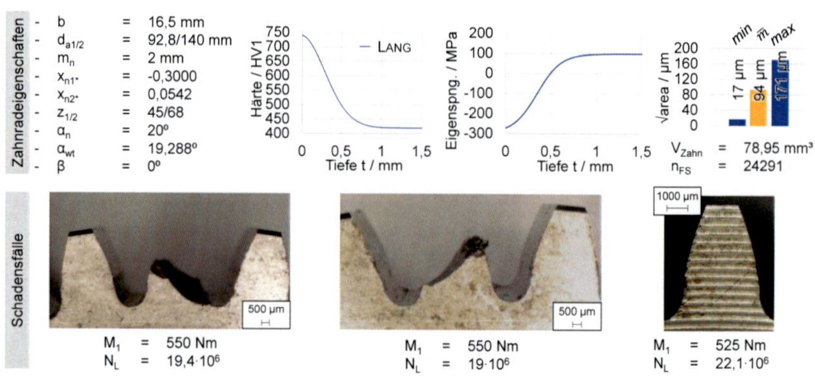

Bild 10.4: Prüfverzahnung 16MnCr5, Materialeigenschaften der Zahnräder

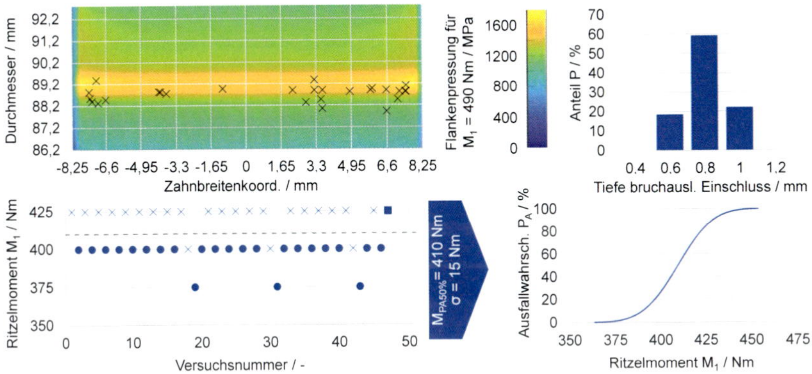

Bild 10.5: Prüfverzahnung 16MnCr5, Zahnflankenbruchtragfähigkeit

In der Reihe **Ergebnisse aus der Produktionstechnik** zuletzt erschienen:

Goergen, Fabian:
Analogieversuch zur Erzeugung von Zahnflankenbrüchen an Stirnrädern
ISBN: 978-3-98555-191-0
Erscheinungsdatum: 11.12.2023

Ecker, Christian:
Flexible Inbetriebnahme roboterbasierter Montagesysteme durch Prozessdemonstration
ISBN: 978-3-98555-189-7
Erscheinungsdatum: 11.12.2023

Padberg, Melanie:
Ansätze der inhärent sicheren Konstruktion modifizierbarer, cyberphysischer Produktionssysteme
ISBN: 978-3-98555-184-2
Erscheinungsdatum: 07.12.2023

Studerus, Bastian:
Gestaltung von Kooperationen zwischen Technologiekonzernen und Start-ups
ISBN: 978-3-98555-186-6
Erscheinungsdatum: 04.12.2023

Wlecke, Shari:
Industrialisierung hochiterativ entwickelter Produkte
ISBN: 978-3-98555-171-2
Erscheinungsdatum: 13.11.2023

Riedel, Jörn:
Scannendes Verfahren zur flexiblen Messung asphärischer Optiken
ISBN: 978-3-98555-177-4
Erscheinungsdatum: 31.10.2023

Müller, Clemens:
Elektrische Widerstandserwärmung von Blechwerkstoffen zur Steigerung der Umformbarkeit
ISBN: 978-3-98555-175-0
Erscheinungsdatum: 16.10.2023

Buckhorst, Armin Friedrich:
Planung und Steuerung von Abläufen in linienlosen mobilen Montagesystemen
ISBN: 978-3-98555-174-3
Erscheinungsdatum: 26.09.2023

Scheuer, Thomas:
Fähigkeitsbündel zur Steigerung der Arbeitsproduktivität für intelligente produzierende Unternehmen
ISBN: 978-3-98555-173-6
Erscheinungsdatum: 25.09.2023

Schwarberg, Annika:
Identifizierung von Innovationspotenzialen durch die Analyse von Produktnutzungsinformationen
ISBN: 978-3-98555-169-9
Erscheinungsdatum: 17.08.2023

Heutmann, Timo:
Proactive Production Control for a Synchronized Tool Production
ISBN: 978-3-98555-164-4
Erscheinungsdatum: 03.08.2023

Schroers, Marius:
Gehörbezogene Auslegung zweistufiger Getriebe unter Berücksichtigung dynamischer Anregungseffekte
ISBN: 978-3-98555-165-1
Erscheinungsdatum: 01.08.2023

Müller, Ulrich:
Material Removal and Grinding Wheel Wear Mechanisms during Grinding of Polycrystalline Cubic Boron Nitride
ISBN: 978-3-98555-163-7
Erscheinungsdatum: 01.08.2023

Chavan, Prateek:
Substructuring Methods for Efficient Prediction of Spindle-Holder-Tool Assembly Dynamics
ISBN: 978-3-98555-160-6
Erscheinungsdatum: 05.06.2023

Schneidermann, Dennis:
Orchestration von Vertrauen in interorganisationalen Wissensnetzwerken der Fabrikplanung
ISBN: 978-3-98555-153-8
Erscheinungsdatum: 15.05.2023

Welsing, Martin:
Bewertung der ökologischen Nachhaltigkeit von Produktionsnetzwerkkonfigurationen
ISBN: 978-3-98555-155-2
Erscheinungsdatum: 19.04.2023

Beckers, Alexander:
Auslegung wirtschaftlich-technologisch optimierter Fertigungsprozessfolgen mittels prozessübergreifender Modellierung
ISBN: 978-3-98555-154-5
Erscheinungsdatum: 18.04.2023

Gipperich, Marius:
Untersuchung eines Zweistrahlprozesses als Ansatz zur Prozessstabilitätserhöhung des drahtbasierten Laserauftragschweißens
ISBN: 978-3-98555-151-4
Erscheinungsdatum: 15.03.2023

Vogel, Paul-Alexander:
Entwicklung eines Prozessmodells für die nicht-isotherme vakuumunterstützte Dünnglasumformung
ISBN: 978-3-98555-140-8
Erscheinungsdatum: 21.06.2023

Ochel, Tim:
Prognostik zur Resilienzsteigerung im Werkzeugbau
ISBN: 978-3-98555-161-3
Erscheinungsdatum: 22.05.2023

Greipel, Jonathan:
Grouping of Inspection Characteristics to Reduce Costs of Adaptive Inspection Planning in Variant Production
ISBN: 978-3-98555-157-6
Erscheinungsdatum: 03.05.2023

Troß, Nico:
Mehrskalenmodellierung der thermomechanischen Werkzeugbelastung beim Trockenwälzfräsen
ISBN: 978-3-98555-158-3
Erscheinungsdatum: 19.04.2023

Nicksch, Christoph:
Konfiguration verteilter Large-Scale Metrology Systeme in rekonfigurierbaren Montageumgebungen
ISBN: 978-3-98555-152-1
Erscheinungsdatum: 20.03.2023

Motschke, Tobias:
Analyse und Modellierung der Dämpfungseigenschaften von Spindellagern
ISBN: 978-3-98555-148-4
Erscheinungsdatum: 06.03.2023

Edition Wissenschaft
Apprimus

Zeitfracht Medien GmbH
Ferdinand-Jühlke-Straße 7
99095 Erfurt, Deutschland
produktsicherheit@kolibri360.de